Stephanie Kißling

Chemische und elektrochemische Methoden zur Oberflächenbearbeitung von galvanogeformten Nickel-Mikrostrukturen

Chemische und elektrochemische Methoden zur Oberflächenbearbeitung von galvanogeformten Nickel-Mikrostrukturen

Schriften des Instituts für Mikrostrukturtechnik
am Karlsruher Institut für Technologie
Band 6

Hrsg. Institut für Mikrostrukturtechnik

Eine Übersicht über alle bisher in dieser Schriftenreihe erschienenen
Bände finden Sie am Ende des Buchs.

Chemische und elektrochemische Methoden zur Oberflächenbearbeitung von galvanogeformten Nickel-Mikrostrukturen

von
Stephanie Kißling

Dissertation, Karlsruher Institut für Technologie
Fakultät für Maschinenbau
Tag der mündlichen Prüfung: 9. Juli 2010
Hauptreferent: Prof. Dr. rer. nat. Volker Saile
Korreferent: Prof. Dr. rer. nat. Holger Löwe

Impressum

Karlsruher Institut für Technologie (KIT)
KIT Scientific Publishing
Straße am Forum 2
D-76131 Karlsruhe
www.ksp.kit.edu

KIT – Universität des Landes Baden-Württemberg und nationales
Forschungszentrum in der Helmholtz-Gemeinschaft

KIT Scientific Publishing 2010
Print on Demand

ISSN: 1869-5183
ISBN: 978-3-86644-548-2

Chemische und elektrochemische Methoden zur Oberflächenbearbeitung von galvanogeformten Nickel-Mikrostrukturen

Zur Erlangung des akademischen Grades

Doktor der Ingenieurwissenschaften

der Fakultät für Maschinenbau
Karlsruher Institut für Technologie (KIT)

genehmigte
Dissertation
von

Dipl.-Ing. (FH) Stephanie Kißling

Tag der mündlichen Prüfung: 09.07.2010
Hauptreferent: Prof. Dr. rer. nat. Volker Saile
Korreferent: Prof. Dr. rer. nat. Holger Löwe

„Gott schuf die Materie, aber die Oberfläche ist ein Werk des Teufels!"

Wolfgang Ernst Pauli

Danksagung

Die vorliegende Arbeit entstand während meiner Tätigkeit am Institut für Mikrostrukturtechnik (IMT) des Karlsruher Instituts für Technologie. Mein besonderer Dank gilt daher meinem Hauptreferenten und Doktorvater Herrn Professor Volker Saile für die Ermöglichung dieser Arbeit sowie seiner steten Unterstützung. Meinem Betreuer Herrn Dr. Klaus Bade danke ich für sein offenes Ohr und eine stets offene Tür. Herrn Dr. Markus Guttmann danke ich für die kritische Durchsicht und die wertvollen Anmerkungen während des Entstehens der schriftlichen Ausarbeitung. Auch Herrn Dr. Arndt Last danke ich sehr für die Durchsicht des Manuskripts sowie seine Unterstützung und Geduld bei zahlreichen Diskussionen über die spektrale Leistungsdichte. Weiterhin danke ich meinem Funktionsbereichsleiter Herrn Dr. Jürgen Mohr für seine Anregungen hinsichtlich der schriftlichen Ausarbeitung dieser Arbeit.

Frau Dipl.-Ing. (FH) Daniela Exner vom Institut für Materialforschung II sowie Herrn Dr. Hendrik Hölscher vom IMT danke ich für die Durchführung unvorhergesehener „last-minute"-Messungen am FIB bzw. am AFM. Darüber hinaus danke ich allen meinen Kolleginnen und Kollegen, die mich während meiner Zeit am IMT durch ihre vielen erfrischenden Gespräche und Diskussionen sowie ihre Zuarbeit unterstützt haben.

Mein weiterer Dank gilt Herrn Dr. Srećko Cvetković vom Institut für Mikroproduktionstechnik der Leibniz Universität Hannover für seine Bereitschaft, Nickelstrukturen chemisch-mechanisch zu planarisieren sowie meinen Wissensdurst hinsichtlich des Verfahrens hinreichend zu stillen. Auch Frau Dipl.-Ing. (FH) Mandy Unger vom Beckmann-Institut für Technologieentwicklung e.V., Oelsnitz bin ich für die schnelle Plasmapolitur der Substrate sowie ihrer Bereitwilligkeit und Geduld, mir sämtliche Fragen rund um das Plasmapolieren zu beantworten, zu Dank verpflichtet. Mein weiterer Dank gilt auch der Gruppe von Herrn Professor David Klymyshyn von der University of Saskatchewan, Kanada, für die freundliche Bereitstellung des RF-MEMS-Layouts.

Herrn Professor Holger Löwe von der Johannes Gutenberg Universität Mainz danke ich für die Übernahme des Korreferats.

Mein besonderer Dank gilt meiner Familie, die mich tatkräftig unterstützt hat und auch in manch schwerer Stunde immer an mich glaubte. Am meisten danke ich jedoch Steffen Peischl, auf dessen Schultern ich so vieles abladen durfte.

Karlsruhe, im Juli 2010   *Stephanie Kißling*

Kurzfassung

Durch das LIGA-Verfahren hergestellte metallische Mikrostrukturen weisen neben einem hohen Aspektverhältnis und einer hohen räumlichen Auflösung sehr geringe Seitenwandrauheiten auf. Neben diesen positiven Aspekten kommt es auf den Oberflächen, bedingt durch den Verfahrensschritt der Galvanoformung, zu Schichtdickeninhomogenitäten und Rauheiten, oftmals im Bereich mehrerer Mikrometer.

Im Rahmen dieser Arbeit wurden drei verschiedene Verfahren, das chemisch-mechanische Planarisieren, das Plasmapolieren und das Elektropolieren, erstmalig zur Oberflächenbearbeitung von LIGA-Nickel-Mikrostrukturen in Hinblick auf die Verringerung der Rauheiten und die Reduzierung der Schichtdickeninhomogenitäten untersucht. Zusätzlich wurde die Verfahrenskombination Läppen und Elektropolieren untersucht.

Neben der Auswahl geeigneter Messverfahren zur Bestimmung der Oberflächentopographie an Mikrostrukturen vor und nach einer Endbearbeitung wird in dieser Arbeit konkret auf die Problematik der Rauheitsmessung der in ihrer Messlänge begrenzten Mikrostrukturen eingegangen. Eine Methodik, um Form und Rauheit aus den aufgenommenen Tastschnittprofilen zu trennen wurde experimentell entwickelt, um so, unabhängig von der Größe der Mikrostruktur, die Rauheitswerte verschieden großer Mikrostrukturen miteinander zu vergleichen. Hierfür wird das aufgenommene Oberflächenprofil in die spektrale Leistungsdichte transformiert, um daraus zwischen zwei Ortsfrequenzen die Rq-Werte zu berechnen. Diejenige Ortsfrequenz, die Form und Rauheit voneinander trennt, ergibt sich aus dem Vergleich mit durch AFM-Messungen erhaltene Rq-Werte an ideal ebenen Oberflächen. Im Rahmen dieser Arbeit wurde ermittelt, dass eine sinnvolle Grenzfrequenz zur Trennung von Form und Rauheit die Ortsfrequenz ist, für welche die spektrale Leistungsdichtekurve den Wert $2 \cdot 10^{-4}\ \mu m^3$ annimmt.

Die Rauheit der Oberflächen der Nickel-Mikrostrukturen konnte mit Hilfe der vorgestellten Verfahren im Rahmen dieser Arbeit signifikant verringert werden. Die Vermessung der Oberflächen hinsichtlich der Reduzierung der Schichtdickeninhomogenität zeigte, dass lediglich das chemisch-mechanische Planarisieren sowie die Verfahrenskombination Läppen und Elektropolieren in der Lage sind, galvanisch abgeschiedene Nickelschichten einzuebnen.

Chemical and electrochemical finishing methods for electroplated nickel microstructures

Abstract

Metallic microstructures fabricated by the LIGA technique exhibit high aspect ratio, high spatial resolution and small sidewall roughness. Besides these positive aspects thickness irregularities and surface roughness, often in the range of several micrometers, appear on the surface due to the electroplating process step.

In this work three different methods, chemical-mechanical polishing, plasmapolishing and electropolishing were for the first time investigated for finishing the surface of LIGA nickel microstructures in terms of minimizing the thickness irregularities and reducing the surface roughness. Additionally, a lapping and electropolishing process combination was investigated.

In addition to selecting adequate surface topography measurement methods for microstructures before and after finishing processes, the specific challenge of limited available surface area for surface roughness measurement on microstructures was investigated and described in this work. One method to separate form and roughness from mapped profile data was experimentally developed resulting in the meaningful comparison of surface roughness values of microstructures independent of their dimensions. To implement this the mapped profile is transformed in the power spectral density to calculate the root-mean-square (rms) between two spatial frequencies. Only one spatial frequency separates form and roughness. It results from the comparison of rms-values which were calculated from the power spectral density on the one hand and those obtained from AFM-measurements on ideal even surfaces on the other hand. In this work a significant value for the critical frequency which separates form and roughness is the spatial frequency for which the power spectral density curve adopt the value $2 \cdot 10^{-4}$ μm^3.

The surface roughness of nickel microstructures could be significantly reduced with all of the above mentioned methods. To minimize thickness irregularities, only the chemical-mechanical polishing and the lapping and electropolishing combination were able to planarize electropolated nickel deposits.

Inhalt

1 Einleitung

Durch die fortschreitende Miniaturisierung industrieller Produkte besteht die Notwendigkeit, immer kleiner werdende Strukturen mit immer höherer Präzision herzustellen. Um diesen Anforderungen gerecht zu werden können metallische Mikrostrukturen, die zu mehreren zusammengesetzt zu kleinen und leistungsfähigen Systemen werden, auf unterschiedliche Arten hergestellt werden. Zum einen durch für die Miniaturisierung angepasste klassische mechanische Verfahren wie z. B. dem Mikrofräsen, zum anderen durch die Kombination verschiedener subtraktiver oder additiver Verfahren, wie z. B. Ätzprozesse oder Schichtabscheidungen [Mad2002; Men2005]. In Abhängigkeit des zu verarbeitenden Materials, der geometrischen Formen der Mikrostrukturen und der benötigten Genauigkeit wird das Herstellungsverfahren ausgewählt. Ein spezielles Verfahren zur Herstellung von Mikrostrukturen ist das LIGA-Verfahren, das sich aus den Verfahrensschritten der Röntgentiefenlithographie, der **G**alvanoformung und der **A**bformung zusammensetzt [Bec1986]. Die Mikrostrukturen weisen, neben einer hohen Detailtreue bedingt durch den Lithographieschritt, Aspektverhältnisse (Verhältnis von Strukturhöhe zu kleinster lateraler Abmessung) auf, die über 100 liegen können [Ger2006; Men2005; Sai2009]. Für metallische Mikrostrukturen ergeben sich an den Seitenwänden Rauheiten und Ebenheiten, die im unteren Nanometer-Bereich liegen. Die Rauheiten an der Oberseite der Strukturen dagegen können, bedingt durch die Galvanoformung, durchaus im Bereich von mehreren Mikrometern liegen. Auch die Ebenheit wird unter anderem durch die galvanische Abscheidung beeinflusst und kann innerhalb einer Mikrostruktur bei einigen, über ein gesamtes Substrat betrachtet bei mehreren zehn Mikrometern liegen (eine detaillierte Darstellung der Mikrogalvanoformung ist in Kapitel 2 gegeben).

Für die Funktionalität der aus dem LIGA-Verfahren resultierenden Mikrostrukturen ist eine homogene Schichtdicke, sowohl über das gesamte Substrat als auch lokal an einzelnen Mikrostrukturen, sowie geringe Rauheiten, z. B. für die Herstellung von mikroelektromechanischen Systemen (MEMS), von großer Bedeutung [Jia2007]. Die Umsetzung dieser Anforderungen direkt im Galvanoformungsprozess ist ein sehr komplexer Prozess, der neben der Manipulation des Elektrolyten auch eine individuelle Anpassung des Stofftransports und der Stromdichteverteilung auf die unterschiedlichen geometrischen Abmessungen der einzelnen Mikrostrukturen erforderlich macht.

Aus diesem Grund ist es im Falle von Mikrostrukturen nur mit Hilfe verschiedener Endbearbeitungsverfahren nach der Galvanoformung möglich, die Oberflächen zu homogenisieren. Mechanische Verfahren wie Schleifen, Läppen, Fräsen oder Drehen führen zu einer Einebnung der Schichtdicken sowie zur Reduzierung der Rauheiten [Ger2006; Guc1998]. Allerdings kann es aufgrund der auftretenden hohen Kräfte zwischen dem Werkzeug und den zu bearbeitenden Oberflächen vor allem bei Strukturen mit einem hohen Aspektverhältnis zu Ablösungen der Strukturen vom Substratgrund kommen. Des Weiteren können sich, bedingt durch den mechanischen Abtrag, Grate an den Kanten der Strukturen ausbilden, die wiederum mit Hilfe verschiedener Verfahren wie dem Mikrostrahlen [Hor2006], der Mikroelektroerosion [Jeo2009; Yoo2008] oder dem Elektropolieren [Dob2007; Hun2006; Sch1999] entfernt werden müssen.

Im Rahmen dieser Arbeit wurden drei verschiedene Verfahren zur Oberflächenbearbeitung von LIGA-Mikrostrukturen aus Nickel ausgewählt. Diese wurden eingehend untersucht und miteinander verglichen, mit dem Ziel ein Verfahren oder eine Verfahrenskombination auszuwählen, mit dessen bzw. deren Hilfe die Oberfläche von LIGA-Mikrostrukturen hinsichtlich der Homogenisierung der Schichtdicken und der Reduzierung der Rauheiten bei gleichzeitigem Erhalt der durch das LIGA-Verfahren erzielten Maßhaltigkeit erfolgreich bearbeitet werden kann. Die ausgewählten Verfahren, das chemisch-mechanische Planarisieren, das Plasmapolieren und das Elektropolieren werden in Kapitel 3 hinsichtlich ihrer Funktionsweise sowie ihres Einsatzes in der Mikrosystemtechnik beschrieben.

Um die Oberflächenqualität an Mikrostrukturen vergleichbar bestimmen zu können, muss die Oberflächentopographie in Rauheit und Formabweichung unterteilt werden. Diese Trennung erfolgt bei makroskopischen Bauteilen nach den in DIN 3274 [DIN1997] vorgegebenen Grenzwellenlängen. Möglich wird dies dadurch, dass Rauheit und Formabweichung in unterschiedlichen Größenordnungen liegen und so einfach voneinander getrennt werden können. Bei der Messung an Mikrostrukturen liegen Rauheit und Formabweichung auf Grund der geometrischen Abmessungen der Strukturen in derselben Größenordnung und können nicht einfach durch eine Grenzwellenlänge voneinander getrennt werden (eine detaillierte Darstellung dieser Problematik wird in Kapitel 4 gegeben).

Aus diesem Grund wurde in dieser Arbeit eine Methodik entwickelt, die es ermöglicht, Rauheiten unabhängig von der durch die Galvanoformung bedingten Formabweichung zu bestimmen. Die Darstellung der Rauheiten in Abhängigkeit der Ortsfrequenzen in Form einer spektralen Leistungsdichte-Kurve werden in dieser Arbeit ebenfalls in Kapitel 4 näher betrachtet. Des Weiteren wird in diesem Kapitel konkret auf die im Rahmen dieser Arbeit verwendete Methodik zur Charakterisierung der Rauheiten an Mikrostrukturen eingegangen. Die experimentellen Details zur Herstellung, Charakterisierung und Endbearbeitung der verwendeten Mikrostrukturen werden in Kapitel 5 ausgeführt, die jeweiligen Ergebnisse der Endbearbeitungen in den Kapiteln 6 bis 8 dargestellt und diskutiert. Kapitel 9 stellt die Resultate der Endbearbeitungen gegenüber und Kapitel 10 schließt mit einer Zusammenfassung und einem Ausblick.

2 Grundlagen der Mikrogalvanoformung

Im Rahmen des LIGA-Prozesses werden metallische Mikrostrukturen durch eine galvanische Abscheidung, auch Galvanoformung genannt, hergestellt. Diese wird im Folgenden näher beschrieben.

Bei der Galvanoformung wird das zu galvanisierende Substrat, in diesem Fall bestehend aus einem Silizium-Wafer als Grundmaterial, einer elektrisch leitfähigen Galvanikstartschicht und isolierenden Resiststrukturen, in eine Elektrolytlösung getaucht und mit Hilfe einer externen Stromquelle kathodisch gepolt. Durch Anlegen des Stroms werden die Metallionen an der Kathode abgeschieden und im stationären Fall der galvanischen Abscheidung durch die Stofftransportprozesse Migration, Konvektion und Diffusion nachgeliefert [Det1964; Kan2000]. Migration entspricht der Bewegung der Ladungsträger im elektrischen Feld, Konvektion beschreibt die natürliche und erzwungene Bewegung der Metallionen und Diffusion charakterisiert die Bewegung der Metallionen aufgrund eines sich bildenden Konzentrationsgefälles.

Der Einfluss der Konvektion bei der Mikrogalvanoformung ist abhängig von dem Aspektverhältnis der einzelnen Mikrostrukturen (Abb. 2-1). Je kleiner das Aspektverhältnis ist, desto eher kann die erzwungene Konvektion den Strukturgrund erreichen und für einen schnelleren Antransport der Metallionen zur Kathode hin beitragen. Nehmen die Strukturhöhen zu und die Strukturbreiten ab wird der Einfluss der Konvektion auf den Stofftransport in den Mikrostrukturen immer geringer. Der Antransport der Metallionen an die Kathodenoberfläche erfolgt dann nur noch über

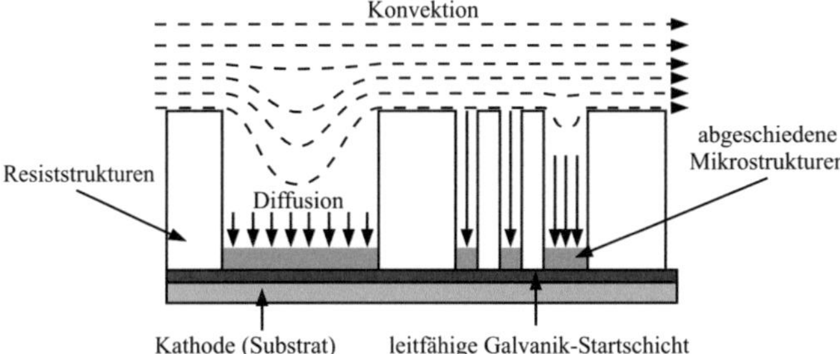

Abb. 2-1: Konvektion (gestrichelte Pfeile) und Diffusion (durchgezogene Pfeile) bei der Galvanoformung von Mikrostrukturen in Abhängigkeit der Strukturbreite des Resists (nach [Ley1995])

die langsam ablaufende Diffusion [Ley1995]. Diese, in Abhängigkeit der Strukturgeometrien ablaufenden Stofftransportprozesse können zu Inhomogenitäten in den galvanisch abgeschiedenen Schichten führen.

Neben dem Stofftransport ist die Schichtdickenhomogenität der Mikrostrukturen auch von der, meist inhomogenen, Stromdichteverteilung abhängig. Daraus folgt in den meisten Fällen eine mehr oder weniger starke inhomogene Schichtdickenverteilung, die in Abhängigkeit ihrer Längenskala beschrieben werden kann. Über das gesamte Substrat (Makroskala) betrachtet, weisen die am Rand sitzenden Strukturen aufgrund der höheren Stromliniendichte und der daraus resultierenden erhöhten Stromdichte eine höhere Wachstumsrate und daraus folgend eine höhere Schichtdicke auf als die in der Mitte des Substrats sitzenden Strukturen. Die Schichtdickenverteilung innerhalb einer Struktur (Mikroskala) ist zum einen abhängig von den Abmessungen der Struktur selbst sowie der Anordnung der isolierenden Fläche um die Strukturen herum, zum anderen von der Anordnung der Mikrostrukturen zueinander [Dat2000; Los2008; Luo2005; Meh1992]. Abbildung 2-2 zeigt diese Abhängigkeit an einem galvanogeformten Linearaktor aus Nickel. Die Schichtdicken der kleinen kammartigen Strukturen weisen eine zum Teil geringere Schichtdicke auf als die sie umgebenden größeren Flächen.

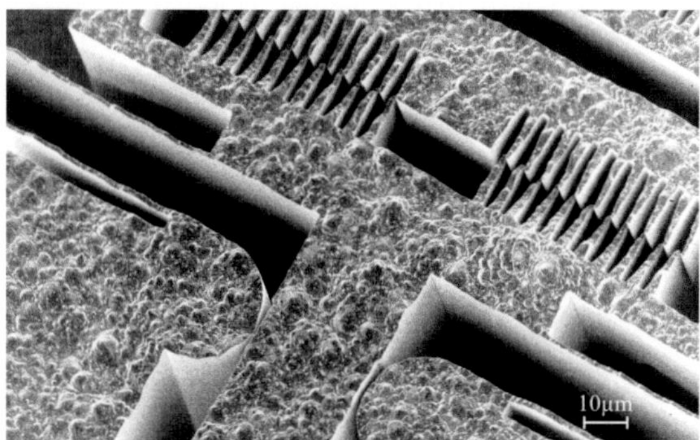

Abb. 2-2: REM-Aufnahme eines galvanogeformten Linearaktors aus Nickel; das knospenartige Wachstum der Nickelschicht sowie die inhomogene Schichtdickenverteilung sind sichtbar [Bör1996]

Das knospenartige Wachstum bei der galvanischen Abscheidung z. B. von Nickel, wie es in Abb. 2-2 auf der Oberfläche zu sehen ist, ist in der Theorie noch nicht vollständig verstanden. Bekannt ist, dass die inhomogene Oberfläche und damit die

Rauheiten verursachenden Keimbildungs- und Keimwachstumsmechanismen von verschiedenen Faktoren wie der Metallionenkonzentration, der Stromdichte oder der Art und Konzentration an Fremdstoffen im Elektrolyten abhängen. Sowohl die Häufigkeit der Keimbildung als auch das Keimwachstum werden durch diese Faktoren beeinflusst. Das Gefüge, und daraus resultierend auch die Rauheit, wird umso grobkörniger, je mehr die Keimbildung gehemmt und somit das Keimwachstum verstärkt wird. Analog gilt für die Hemmung des Keimwachstums die Erhöhung der Bildung neuer Keime und daraus resultierend ein feinkörniges Gefüge sowie eine geringere Rauheit. Abhängig von der Natur der Metalle und der Art des Elektrolyten bilden sich bei der galvanischen Abscheidung für jedes Metall bevorzugte Wachstumsformen der Kristalle aus, z. B. der feldorientierte Texturtyp für das sich als grobkörnig und säulenförmig darstellende Nickelgefüge. Die Wachstumsformen, und damit die Keimbildung und das Keimwachstum, können z. B. mit Hilfe verschiedener organischer Zusätze kontrolliert werden, um ebene und glänzende Schichten zu erhalten. Allerdings weisen die daraus resultierenden Schichten auch negative Änderungen ihrer Eigenschaften, wie z. B. das Auftreten großer Eigenspannungen, auf [Fis1954; God2006; Kan2000].

3 Untersuchte Verfahren

Im Rahmen dieser Arbeit wurden drei Verfahren zur Oberflächenbearbeitung von Nickel-Mikrostrukturen untersucht. Diese werden im Folgenden sowohl im Allgemeinen als auch im Hinblick auf die Verwendung an Mikrostrukturen beschrieben.

3.1 Chemisch-mechanisches Planarisieren

Das chemisch-mechanische Planarisieren (CMP), auch häufig chemisch-mechanisches Polieren genannt, ist ein Standardverfahren in der Halbleiterindustrie, um dünne Schichten einzuebnen. Bearbeitbar sind Materialien wie Dielektrika, Polysilizium sowie Metalle. Die Planarisierung wird sowohl lokal, von Struktur zu Struktur, als auch global, über den gesamten Wafer, erreicht. Die lokale Planarisierung bezeichnet die Angleichung von Höhenunterschieden nebeneinander liegenden Strukturen, die globale Planarisierung bezeichnet die Angleichung von Höhenunterschieden über die gesamte Substratoberfläche. „Lokal" und „global" werden hier als methodeneigene Termini verwendet.

3.1.1 Verfahrensbeschreibung

Abbildung 3-1 zeigt den Aufbau einer CMP-Anlage. Das Substrat wird in eine Halterung (Carrier) gelegt und mit der zu bearbeitenden Seite nach unten auf ein Polierpad gedrückt. Sowohl der Wafer als auch das Pad rotieren auf unterschiedlichen Achsen im gleichen Drehsinn und mit gleicher Drehzahl [Zan2004]. Eine chemisch und mechanisch aktive Poliersuspension, als Slurry bezeichnet, wird auf das Pad aufgebracht und verteilt sich durch die Rotation der Polierscheibe gleichmäßig zwischen Substrat und Pad [Sin2002; Tsu2008]. Die Poliersuspension setzt sich aus einem Oxidationsmittel, einem Komplexbildner, einem Netzmittel, weiteren Additiven sowie abrasiven Partikeln zusammen. Nur bei einem optimalen Zusammenspiel aller beteiligten Komponenten kann eine ausreichende Abtragsrate bei gleichzeitig hoher Planarisierung und geringen Oberflächendefekten erreicht werden.

(a) (b)

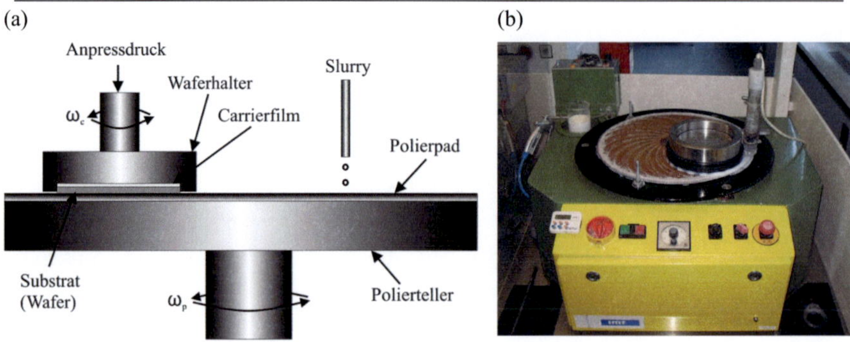

Abb. 3-1: Darstellung einer CMP-Anlage; (a) schematisch nach Tsujimura [Tsu2008], (b) am Institut für Mikroproduktionstechnik (imt) der Universität Hannover

Globale Planaritäten kleiner 0,5 µm sowie Rauheiten zwischen 1 bis 2 nm können so erreicht werden [Dor2007; Zan2004]

Im Allgemeinen kann der Abtragsmechanismus wie folgt beschrieben werden: Durch die Wechselwirkungen von Substratoberfläche und den chemisch aktiven Substanzen in der Poliersuspension, wie z. B. Oxidationsmittel und Komplexbildner, wird die Oberfläche chemisch modifiziert. Durch die gleichzeitige mechanische Einwirkung der abrasiven Partikel in der Poliersuspension kommt es zu einem Materialabtrag, der im Idealfall in einer fehlerfreien Oberfläche mit geringer Rauheit und sehr guten lokalen und globalen Planaritäten resultiert [Dor2007; Li2008; Zan2004]. Die chemische Modifikation der Substratoberfläche ist materialabhängig. So führt die Poliersuspension an harten dielektrischen Oberflächen zu der Ausbildung von weichen, hydratisierten, gelähnlichen Schichten, Metalle bilden an der Oberfläche durch die Einwirkung des Oxidationsmittels einen dünnen Passivfilm aus (Abb. 3-2a) [Sin2002; Zan2004]. Diese veränderte Oberfläche wird mechanisch durch die Abrasiva an den topographischen Unebenheiten abgetragen, der Passivfilm dadurch zerstört (Abb. 3-2b). Die entstehende blanke Oberfläche wird durch die chemischen Komponenten geätzt und sofort wieder passiviert (Abb. 3-2c). Die Abrasiva tragen den Passivfilm wiederum an den Unebenheiten ab, es kommt zu einem chemischen Materialabtrag und zu einer anschließenden Passivierung bis eine planare Oberfläche erreicht wird (Abb. 3-2d). Je nach Material, Maschinenparametern sowie den

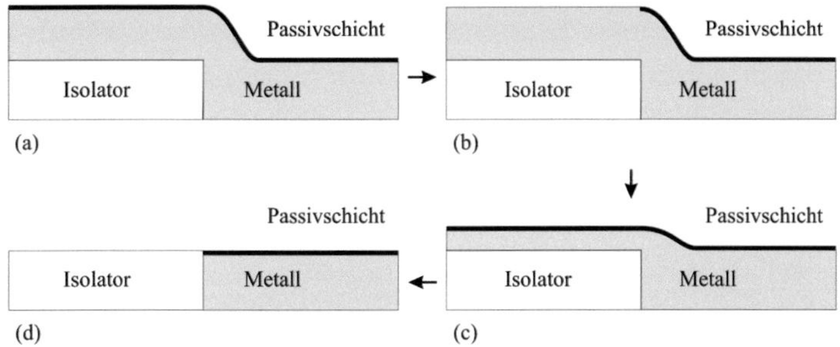

Abb. 3-2: Darstellung des Abtragsmechanismus beim CMP (in Anlehnung an [Bar2004])

Eigenschaften von Pad und Poliersuspension liegen die Abtragsraten zwischen 10 und 800 nm/min [Bur2008; Che2008].

Näherungsweise kann die Abtragsrate mit Hilfe der von *Preston* [Pre1927] für die mechanische Politur von Glas formulierten empirischen Beziehung bestimmt werden:

$$RR = \frac{dh}{dt} = K_p \cdot p \cdot v \tag{3.1}$$

Die Abtragsrate RR ist direkt proportional dem Anpressdruck p des Substrates auf das Pad sowie der relativen Geschwindigkeit v. Weitere auftretende Faktoren wie die Materialeigenschaften des Werkstücks und die Bearbeitungsbedingungen des Werkzeugs werden durch den *Preston*-Koeffizienten K_p beschrieben. Er wird umso größer, je geringer die Härte des Werkstücks und je schärfer das Schneidwerkzeug ist [Li2000]. Durch die *Preston*-Gleichung unberücksichtig bleiben unter anderem die durch die chemischen Komponenten in der Poliersuspension hervorgerufenen Einflüsse auf den Materialabtrag. Aus diesem Grund wurde die *Preston*-Gleichung durch eine Vielzahl von Autoren modifizert. *Gatzen und Cvetkovic* [Gat2007] geben einen Überblick über die bisher modifizierten Modelle und führen ein neues Modell ein, das zusätzlich zum Anpressdruck und der Geschwindigkeit auch die mechanischen Eigenschaften der zu bearbeitenden Werkstoffe und der Abrasivpartikel beschreibt:

$$RR = k_3 \cdot \frac{1}{H_w} \cdot \omega \cdot p^{\frac{2}{3}} \cdot \left(\frac{E_1 + E_2}{E_1 \cdot E_2} \right)^{\frac{2}{3}} \tag{3.2}$$

Die Abtragsrate RR wird in diesem Modell in Abhängigkeit eines Proportionalitätskoeffizienten k_3, der unter anderem den Einfluss des chemischen Abtrags mitberücksichtig, der Härte des zu bearbeitenden Werkstoffs H_w, der Umdrehungsgeschwindigkeit ω, dem Anpressdruck p sowie der E-Module der Abrasivpartikel (E_1) und des Werkstoffs (E_2) dargestellt.

3.1.2 Einsatz in der Mikrosystemtechnik

Der Vorteil des Planarisierens von unebenen Topographien wurde ab Mitte der 90er Jahre auch für die Mikrosystemtechnik erkannt. *Sniegowski* [Sni1996] beschrieb 1996 die Planarisierung von Polysilizium-Schichten mit Hilfe des CMP zur verbesserten Herstellung von Mikromotoren. *Pitcher* [Pit2003] stellte in einem historischen Abriss die Entwicklung des CMP von galvanisch abgeschiedenen Nickel-Eisen-Schichten zur Herstellung magnetischer Schreib- und Leseköpfe dar. Verschiedene Sensoren, Aktoren und mikrooptische Baugruppen werden heute mit Hilfe des CMP aus den unterschiedlichsten Materialien hergestellt [Sni1996; Zwi2008]. Zusätzlich zu den Silizium-Oberflächen werden in der Mikrosystemtechnik auch verschiedene Metalle wie Wolfram, Kupfer, Nickel oder Nickel-Eisen, Keramiken und Polymere durch das CMP eingeebnet [Du2004; Zho2006; Zwi2008].

Tabelle 3-1 stellt einige Unterschiede in den Anforderungen der Halbleitertechnik und der Mikrosystemtechnik für das CMP vor. Im Vergleich zur Halbleitertechnik hat

Tab. 3-1: Gegenüberstellung des CMP beim Einsatz in der Halbleitertechnik und der Mikrosystemtechnik (aus [Gat2007; Zwi2008])

	Halbleitertechnologie	Mikrosysteme
Zu bearbeitende Schichten	versch. SiO_2, Poly-Si, W, Cu, Edelmetalle (Pt, Ir)	versch. SiO_2, Poly-Si, Si, versch. Metalle, Keramiken, Polymere
Typische Schichtdicken	~ 0,1 - 2,0 µm	~ 0,2 - 50 µm
Geforderter Abtrag	~ 0,1 - 1,5 µm	~ 0,1 - 20 µm
Notwendige Abtragsrate	0,2 - 0,5 µm/min	> 0,5 µm/min
Substrat-Durchsatz	20 - 50 Wafer/h	≤ 10 Wafer/h
Geforderte Planarität	< 100 nm	nicht spezifiziert
Anfangstopographie	≤ 1 µm	1 - 10 µm
Rauheit (Rq)	≤ 1 nm	0,5 - 10 nm
Substratmaterial	Si, SOI, III-V Halbleiter	Si, Metall, Glas, Quarz, Keramik
Substratgröße	200 - 300 mm	100 - 200 mm

sich die Materialvielfalt der zu bearbeitenden Schichten in der Mikrosystemtechnik vor allem durch die Metalle, Keramiken und Polymere erweitert. Die in der Mikrosystemtechnik benötigten höheren Schichtdicken führen dazu, dass der Materialabtrag während des CMP-Prozesses entweder durch eine chemisch aktivere Slurry oder eine Steigerung der mechanischen Einwirkung erfolgen muss, um einen angemessen hohen Durchsatz zu erreichen. Die Forderungen nach Planarität und Rauheit liegen in der Mikrosystemtechnik unter denen der Halbleitertechnik. Allerdings ist auch die Ausgangstopographie, bedingt durch die höheren Schichtdicken in der Mikrosystemtechnik, unebener. Als Substratmaterial wird üblicherweise in beiden Bereichen Silizium genutzt. Während in der Halbleitertechnik aus Gründen der Wirtschaftlichkeit Substratgrößen von bis zu 300 mm prozessiert werden, sind in der Mikrosystemtechnik Substratdurchmesser von maximal 200 mm üblich [Zwi2008].

Eine weitere Herausforderung stellt die gleichzeitige Bearbeitung mehrerer Werkstoffkombinationen durch das CMP dar [Gat2007]. Geht man im einfachsten Fall von zwei Werkstoffen aus, sind die Strukturen des einen Werkstoffs häufig in den zweiten Werkstoff eingebettet. Die Werkstoffe unterscheiden sich in den meisten Fällen in ihrer Härte und Elastizität, was bei einer rein mechanischen Bearbeitung zu Stufen- und Gratbildungen an den Werkstoffübergängen führen würde. Diese Stufen- und Gratbildungen können durch die Kombination von chemischem und mechanischem Angriff beim CMP vermieden werden.

Im Rahmen dieser Arbeit wird eine Materialkombination aus galvanisch abgeschiedenem Nickel und dem Resist Polymethylmethacrylat (PMMA), mit Schichtdicken größer als 100 μm, chemisch-mechanisch planarisiert. Tabelle 3-2 zeigt dazu eine Übersicht über die bisher veröffentlichten Ergebnisse des CMP an den für diese Arbeit interessanten Schichten sowie Materialkombinationen. *Gatzen und Cvetkovic* [Gat2007] sowie *Kourouklis et al.* [Kou2003] planarisierten erfolgreich eine Materialkombination bestehend aus galvanisch abgeschiedenem Nickel-Eisen (NiFe) und dem Resist SU-8. Die Schichtdicken betrugen maximal 25 μm. *Zhong et al.* [Zho2006] und *Du et al.* [Du2004] zeigten, dass das CMP auch an PMMA bzw. (bulk) Nickel möglich ist.

Die im Rahmen dieser Arbeit erhaltenen Ergebnisse an der Schichtkombination galvanogeformtes Nickel und PMMA sind in Kapitel 1 dargestellt.

Tab. 3-2: Bisher veröffentlichte Ergebnisse des CMP an Nickellegierungen und SU-8, Nickel und PMMA

	Gatzen, Cvetkovic [Gat2007]	Zhong et al. [Zho2006]	Du et al. [Du2004]	Kourouklis et al. [Kou2003]
Werkstoff(e)	NiFe und SU-8	PMMA	(bulk) Nickel	NiFe und SU-8
Schichtdicke(n)	NiFe: 15 µm SU-8: 15 µm	2 mm	6,35 mm	NiFe: 22,5 - 25 µm SU-8: 20 ± 0,7 µm
Abtragsrate		9 - 18 nm/min	max. 55 nm/min	
lokale Planarität				20 nm
globale Planarität				$\Delta h_{innen-außen}$ 4 µm
erreichte Rauheit		~ 2 nm	1 - 2 nm	
Bedeckungsgrad	50 % SU-8	100 % PMMA	100 % Nickel	96 % SU-8

3.2 Plasmapolieren

Das Plasmapolieren, erstmals im Jahre 1979 von Duradzhi et al. [Dur1979] erwähnt, wird als Sonderfall der anodischen Auflösung gesehen. Wird eine metallische Probe in einem geeigneten wässrigen Elektrolyten unter Anlegen eines hohen elektrischen Potentials als Anode gepolt, kommt es durch die Bildung eines Plasmas um die Anode herum zur Erzeugung glänzender und gratfreier Oberflächen [Lin2006; Tie1984; Yer1999].

Die Grundlage zur Entwicklung eines Plasmas an der Anode in einem wässrigen Elektrolyten ist die in Abb. 3-3 dargestellte Gleichstrom-Elektrolysezelle. Unter Aufnahme von Elektronen bildet sich in neutralen oder sauren Lösungen an der Kathode Wasserstoff:

$$2H_2O + 2e^- \rightarrow H_2 + 2OH^- \tag{3.3}$$

An der Anode bilden sich nach folgenden Reaktionsgleichungen Metallionen (3.4) und Sauerstoff (3.5):

$$Me \rightarrow Me^{z+} + ze^- \tag{3.4}$$

$$2H_2O \rightarrow O_2 + 4H^+ + 4e^- \tag{3.5}$$

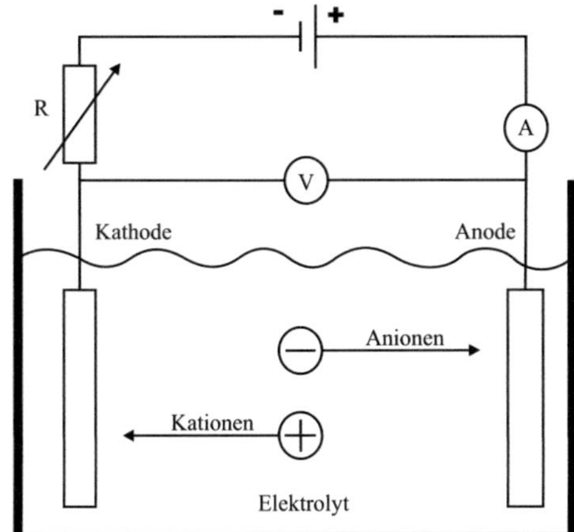

Abb. 3-3: Schematische Darstellung einer Elektrolysezelle

Der niedrigviskose Elektrolyt besteht aus einer wässrigen Lösung, deren Leitfähigkeit durch die Zugabe von bis zu 12 Gew.-% verschiedener Salze zwischen 4 und 30 Sm^{-1} liegt. Typischerweise werden Ammoniumsalze verwendet. Als Kathode wird meist ein Edelstahlblech eingesetzt, dessen Fläche mindestens das Zehnfache der Anodenfläche beträgt. Das Flächenverhältnis ist notwendig, um die für die Plasmabildung erforderlichen hohen Stromdichten an der Anodenoberfläche zu erhalten. Der Zusammenhang zwischen Stromdichte i und angelegtem Potential U kann in vier Bereiche eingeteilt werden (Abb. 3-4) [Tie1984]:

- Bereich I: der Strom-Spannungsverlauf ist linear ansteigend. Die oben beschriebenen Reaktionen der Metallauflösung, Sauerstoff und Wasserstoffentwicklung laufen an Anode und Kathode ab.

- Bereich II: Auftreten von periodischen Stromunterbrechungen, der Strom-Spannungsverlauf wird instabil. In vereinzelt auftretenden Gasblasen kann es zu explosionsartigen Entladungsvorgängen kommen. Der Elektrolyt wird dadurch von der Anodenoberfläche verdrängt. Dies führt zu Stromunterbrechungen. Bei erneuter Benetzung werden Stromdichten bis zu 100 A/cm² erreicht.

- Bereich III: aufgrund der starken Erwärmung der Anode bis hin zur Glühtemperatur bildet sich eine Gas-Dampfschicht, auch Elektrolytplasma genannt, zwischen der Elektrode und dem Elektrolyten aus. Die Dicke dieser

Phase ist, abhängig von der Elektrolytzusammensetzung, bis zu einigen $^1/_{10}$ mm dick und besitzt einen hohen elektrischen Widerstand. Die Stromdichte sinkt auf circa 1 A/cm² ab. Nach den Ergebnissen von *Tien* bildet sich in diesem Bereich eine Oxidschicht auf den von ihm untersuchten Eisenwerkstoffen aus.

- Bereich IV: elektrohydrodynamischer Bereich, Bereich des Plasmapolierens (nach *Tien*). Die geschlossene Plasmaschicht wird an der Anodenoberfläche durch die Einwirkung des elektrischen Feldes zerstört. Es kommt zu einem verstärkten Metallabtrag, der durch zischende Geräusche begleitet wird. Die Stromdichte sinkt unter 1 A/cm² ab. Nach den Untersuchungen von *Tien* erfolgt der Metallabtrag nach dem Mechanismus der anodischen Auflösung. Aufgrund der hohen Abtragsrate vermutete er zusätzlich eine chemische Metallauflösung. Der Metallabtrag selbst erfolgt gleichmäßig über die Oberfläche. Gefügecharakteristika werden nicht herausgearbeitet, Inhomogenitäten im Grundwerkstoff werden sichtbar gemacht. Die Rauheit der Oberfläche verkleinert sich durch die Bearbeitung in diesem Bereich.

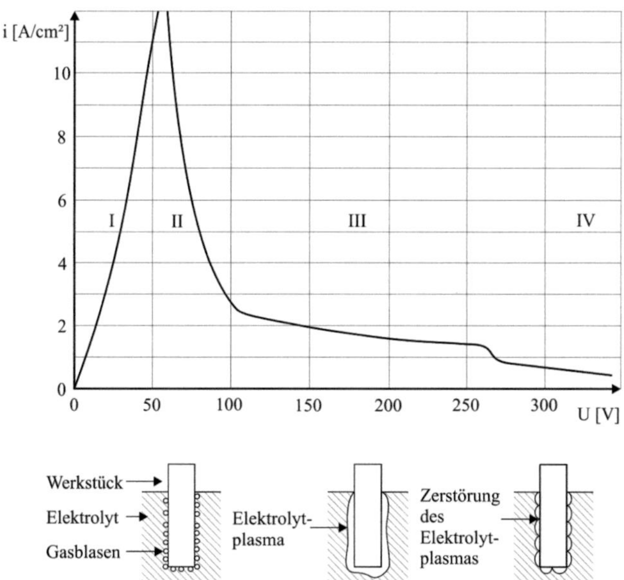

Abb. 3-4: Schematische Darstellung des Zusammenhangs zwischen Stromdichte i und angelegtem Potential U (nach [Tie1984])

Bei korrekter Elektrolytzusammensetzung sowie geeigneten Prozessparametern konnten von *Tien* [Tie1984] bei der Plasmapolitur im Bereich IV der i-U-Kurve Ra-Werte von 0,1 µm auf Eisenwerkstoffen sowie von *Rakhcheev et al.* [Rak2005] Ra-Werte von maximal 0,05 µm auf Aluminium und seinen Legierungen erreicht werden. Auch die Entfernung von Graten wurde in dem Bereich IV durch *Lingath et al.* [Lin2006; Nev2001; Yer1999] dokumentiert.

Als eine mögliche Anwendung des Plasmapolierens erwähnte *Hoyer et al.* [Hoy1986] schon 1986 die Mikrotechnik. Allerdings sind bis heute keine veröffentlichten Untersuchungen zum Plasmapolieren von Mikrostrukturen bekannt.

3.3 Elektropolieren

Das Elektropolieren, 1910 von Spitalsky [Spi1909] entdeckt und seit 1935 von *Jacquet* [Jac1935] systematisch untersucht, gilt wie das Plasmapolieren als Sonderfall der anodischen Auflösung. Wird eine metallische Probe in einem geeigneten Elektrolyten bei korrekter Zellspannung anodisch gepolt, führt das zu glänzenden, hochreflektierenden und gratfreien Oberflächen, die unter anderem eine verbesserte Korrosionsbeständigkeit sowie sehr gute Reinigungseigenschaften aufweisen [Buh2009; Lan1987; Mai1978; Shi1974].

3.3.1 Verfahrensbeschreibung

Der Aufbau einer Elektrolysezelle kann Abb. 3-3 entnommen werden. Die ablaufenden Reaktionsgleichungen sind in den Gleichungen (3.3) bis (3.5) dargestellt. Der Elektrolyt besteht gewöhnlich aus konzentrierten und damit viskosen Säuren wie Phosphorsäure, Schwefelsäure oder ihren Mischungen [Lan1987; Teg1959]. Additive wie Polyethylenglykol können das Ergebnis des Elektropolierens durch die Hemmung der Sauerstoffentwicklung verbessern [Wes2005]. Die Voraussetzung für das Elektropolieren ist der in Abb. 3-5 gezeigte, idealisierte Zusammenhang zwischen der Stromdichte i und dem Elektrodenpotential U. Bei ansteigendem Potential steigt die Stromdichte stark an, die Anodenoberfläche wird geätzt. Dieser Bereich wird aktiver Bereich genannt. Die Metallauflösung erfolgt hier vorrangig an Kristallebenen mit höherer Oberflächenenergie, wie z. B. Korngrenzen. Dadurch wird eine im Aussehen matte Oberfläche erzeugt. Bei weiter steigendem Potential fällt die Stromdichte plötzlich ab. Unmittelbar auf der Anodenoberfläche hat sich eine Oxid- oder

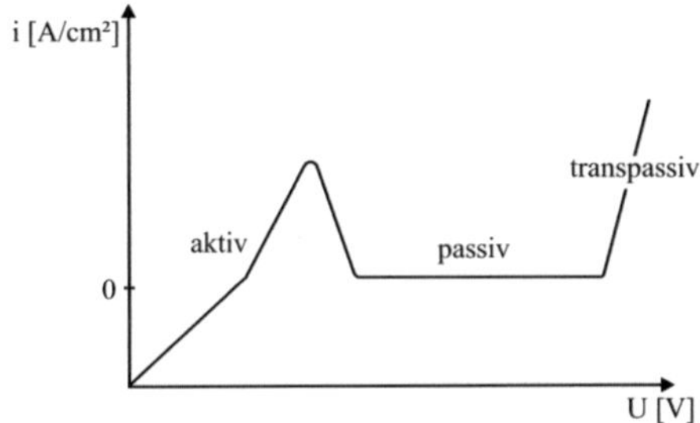

Abb. 3-5: Darstellung einer idealisierten Stromdichte-Potential-Kurve

Passivschicht ausgebildet. Zusätzlich kommt es, bedingt durch den hohen Metallsalz-gehalt vor der Anode, zur Bildung einer viskosen, den Stofftransport limitierenden Schicht, auch Diffusionsschicht genannt. Eine Voraussetzung für die Bildung dieser Diffusionsschicht ist das Vorhandensein eines viskosen Elektrolyten. Aus diesem Grund erfolgt das Elektropolieren in den meisten Fällen in hochkonzentrierten, viskosen Säuren [Buh2009; Shi1974; Teg1959]. Die Auflösungsrate in diesem Plateau-Bereich wird im Allgemeinen durch die Viskosität des Elektrolyten, den Diffusionskoeffizienten der limitierenden Komponente und die erzwungene bzw. natürliche Konvektion bestimmt [Pad2003; Wes2005]. Die Entstehung der transport-limitierenden Schicht ist noch nicht vollständig verstanden. Zwei verschiedene Mechanismen werden diskutiert, die die Bildung dieser Schicht und das in der i-U-Kurve entstehende Plateau erklären können [Buh2009; Eco2008; Lan1987; Wes2005]:

- Salzfilm-Mechanismus: bedingt durch die Metallauflösung häufen sich Metallionen so lange vor der Anodenoberfläche an, bis die Löslichkeit eines Salzes überschritten wird. Durch Keimbildung entsteht aus der übersättigten Lösung eine neue Phase – ein fester Salzfilm, der auf der Anodenoberfläche ausfällt. Die Metallionen wandern durch den Salzfilm in den Elektrolyten. Die Auflösungsrate wird bestimmt durch den Abtransport der Metallionen von der Film/Elektrolyt-Grenzschicht in den Elektrolyten jenseits des Films. Der Salzfilm bildet keine starre Schicht auf der Oberfläche aus. Er löst sich kontinuierlich an der Salzfilm/Elektrolyt-Grenzfläche auf und wird an der Grenzfläche Metalloberfläche/Salzfilm neu gebildet.

- Akzeptor-Mechanismus: es wird angenommen, dass die Metallionen so lange auf der Anodenoberfläche adsorbiert bleiben, bis sie von einem Ak-

zeptor wie Wasser oder einem Anion komplexiert werden. Die Auflösungsrate bei diesem Mechanismus wird durch den Antransport der Akzeptoren
an die Anodenoberfläche bestimmt.

Werden Oberflächen in diesem Plateau- oder Passivbereich elektropoliert, entstehen glänzende Oberflächen. Der Abtragsmechanismus beruht darauf, dass die
Auflösungsrate an Rauheitsspitzen größer ist als in Rauheitstälern (Abb. 3-6). Die
konkret ablaufenden Mechanismen werden in Abhängigkeit der Oberflächenrauheiten
makro- bzw. mikroskopisch betrachtet [Buh2009; Lan1987; Mai1978; Shi1974;
Teg1959]:

- Makroskopisch wird die Oberfläche eingeebnet und geglättet. Oberflächenrauheiten > 1 µm werden durch eine höhere Stromdichte, und daraus resultierend einem höheren Metallabtrag, an den Rauheitsspitzen abgetragen.

- Mikro- und nanoskopischer Abtrag bringt die Oberfläche zum Glänzen.
  Oberflächenrauheiten < 1 µm werden durch eine transportlimitierende
  Schicht auf der Anodenoberfläche abgetragen.

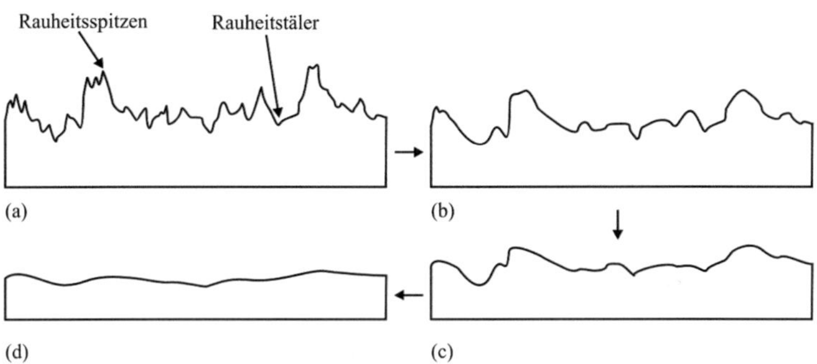

Abb. 3-6: Schematische Darstellung der zunehmenden Einebnung
beim Elektropolieren (a → d)

Das Ziel eines idealen Elektropolierprozesses ist die Bearbeitung beider Skalen
[Teg1959], die nach *Maier* [Mai1978] zwar nach demselben Mechanismus, allerdings
unterschiedlich schnell eingeebnet werden.

Steigt das Potential im weiteren Verlauf der i-U-Kurve an, steigt die Stromdichte
ebenfalls wieder an. Es kommt zur Entstehung von weiteren Oxidationsreaktionen,
wie z. B. der Bildung von Sauerstoff. Wird die Oberfläche in diesem transpassiven

Bereich bearbeitet, kommt es, bedingt durch die anhaftenden Gasbläschen, zu einem nicht homogenen Abtrag.

Laut *Shigolev* [Shi1974] befindet sich der optimale Bereich, um den besten Elektropoliereffekt zu erhalten, entweder knapp unterhalb des Einsetzens der Sauerstoffentwicklung im Passivbereich oder aber massiv im transpassiven Bereich. Die sich dort bildenden Sauerstoffbläschen haben eine kritische Größe überschritten und haften deshalb nicht mehr auf der Oberfläche an. Allerdings kann es durch die daraus resultierende starke Konvektion zu ungewollten Strukturbildungen auf der Anodenoberfläche kommen [Buh2009].

Das Elektropolieren ist ein komplexer Vorgang, dessen Ergebnis von einer Reihe von Faktoren beeinflusst wird [Buh2009; Shi1974; Teg1959]:

- Elektrolytparameter – die Temperatur, die Konzentration sowie die Zusammensetzung

- Äußere Parameter – die Strömungsgeschwindigkeit (um eine möglichst gleichmäßige Diffusionsschichtdicke zu erhalten), die Stromdichteverteilung (auch möglichst gleichmäßig, um einen homogenen Abtrag der Rauheitsspitzen zu erreichen) sowie die Elektropolierdauer

- Werkstoffparameter – die Passivierbarkeit des Werkstoffs, die Gefügestruktur sowie bei Legierungen die Zusammensetzung

Nur bei einem geeigneten Zusammenspiel der hier genannten Faktoren kann eine glatte und glänzende Oberfläche erreicht werden.

3.3.2 Einsatz in der Mikrosystemtechnik

Das Elektropolieren wird bzw. wurde in zwei verschiedenen Bereichen der Mikrosystemtechnik mit jeweils ganz unterschiedlichen Zielen eingesetzt.

a) Planarisieren von galvanisch abgeschiedenen Schichten

Das Elektropolieren wurde in der Halbleitertechnik als möglicher Ersatz für das CMP von galvanisch abgeschiedenen Kupferschichten untersucht. Als Vorteile gegenüber dem CMP werden die Einfachheit des Prozesses, die Abwesenheit von Partikel-Verunreinigungen, die leichte Endpunktdetektion sowie der berührungslose Prozess gesehen [Sun2005]. Das Ziel war, wie beim CMP, eine gleichmäßig ebene Oberflächentopographie zu erhalten. Der Erfolg der Planarisierung ist abhängig von den sich auf dem Substrat befindenden Strukturgeometrien. Abbildung 3-7 zeigt schematisch den Zusammenhang zwischen der Oberflächentopographie einer Kupferschicht und der sich beim Elektropolieren ausbildenden Diffusionsschichten. Sind die Topographien in ihren lateralen Abmessungen gleich groß oder größer als die Dicke der Diffusionsschicht (gepunktete Linie in Abb. 3-7, natürliche Konvektion), passt sich die Diffusionsschicht dem Oberflächenprofil an. Ihre Dicke ist, gemessen an jedem beliebigen Punkt dieser Topographien konstant. Dies hat einen geringen und gleichmäßigen Materialabtrag über die gesamten Topographien zur Folge. Die Oberfläche wird abgetragen aber nicht planarisiert. Sind die Topographien in ihren lateralen Abmessungen kleiner als die Diffusionsschichtdicke, passt sich die Diffusionsschicht nicht dem Oberflächenprofil an (Abb. 3-7 rechts). Ihre Dicke ist an diesen Topographien ungleichmäßig, d. h. kleiner als in dem oben dargestellten Fall. An solchen Stellen kommt es zu einem ungleichmäßigen Materialabtrag, der in einer lokale Planarisierung der Topographie resultiert [Eco2008; Sun2005].

Um nicht nur lokal, an sehr schmalen Topographien, sondern auch global und an breiten Topographien eine Einebnung zu erreichen, darf sich die Diffusionsschicht nicht dem Oberflächenprofil anpassen. Sie muss, bezogen auf eine gedachte, glatte Oberfläche, gleichmäßig dick sein (gestrichelte Linie in Abb. 3-7). Dies resultiert in einem maximalen Materialabtrag an den Stellen, an denen die Diffusionsschichtdicke

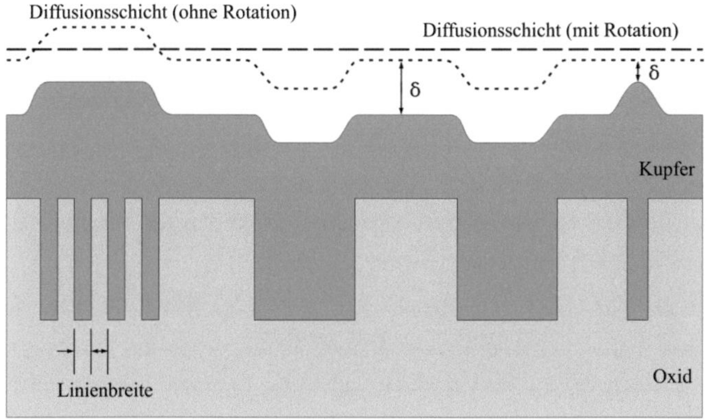

Abb. 3-7: Schematische Darstellung typischer Halbleiterstrukturen, aufgefüllt mit galvanisch abgeschiedenem Kupfer. Die gepunktete Linie oberhalb der Kupfer-Strukturen stellt die Ausbildung der Diffusionsschicht bei natürlicher Konvektion ohne Rotation dar, die gestrichelte Linie stellt die Ausbildung bei erzwungener Konvektion durch Rotation der Halbleiterstrukturen dar (in Anlehnung an [Sun2005])

minimal ist. Eine Möglichkeit der Umsetzung dieser Forderung ist die Rotation des Substrats, wobei die Rotationsrate mindestens 300 Umdrehungen pro Minute betragen muss.

Aufgrund der hier dargestellten Strukturabhängigkeit wird das Elektropolieren als alleiniger Prozess in der Halbleiterindustrie nicht für das Planarisieren eingesetzt. Weiteren Anwendungen in der Mikrotechnik sind nicht bekannt [Eco2008; Sun2005].

b) Entgraten der Oberflächen von mechanisch hergestellten Mikrostrukturen

Neben der lithographischen Herstellung können Mikrostrukturen auch durch mechanische Verfahren aus Vollmaterialien hergestellt werden. Verfahren wie das Mikrofräsen [Dob2007; Hor2006; Jeo2009; Sch1999; Yoo2008], Stanzen [Par2005] oder Funkenerodieren [Hun2006] führen, neben der Entstehung der gewünschten Strukturen, zu rauen Oberflächen und zur Ausbildung von Graten. Als Grate werden Materialverdrängungen (plastische Deformationen) an den Kanten des Werkstücks in Form von abgerissenem und überstehendem Material bezeichnet. Sie entstehen, je nach Art der Bearbeitung, entweder durch seitliches Fließen des Materials, durch Spanüberlappung oder durch ein Abreißen des Werkstückmaterials. Grate haben zur Folge, dass die ursprünglichen Werkstückkanten nicht mehr definiert sind [Chu2000; Gil1976]. Durch die Optimierung der Bearbeitungsparameter ist es nicht möglich, solche durch Zerspanungstechniken gebildeten Grate zu verhindern. Lediglich deren geometrische Ausdehnung kann so verringert werden. Abhängig von der Art der Bearbeitung und den entsprechenden Parametern entstehen geometrisch unterschiedlich ausgeprägte Grate. Abbildung 3-8 zeigt schematisch die beim Winkelfräsen entstehenden Grate [Hei2010].

Neben verschiedenen anderen Verfahren wurde das Elektropolieren erfolgreich eingesetzt, um die bei der Herstellung von Mikrostrukturen entstandenen Grate zu entfernen [Dob2007; Hun2006; Sch1999].

Die in der Literatur beschriebene Elektropolitur an Mikrostrukturen bezieht sich auf aus dem Vollen hergestellten Strukturen. Die Elektropolitur von Mikrostrukturen, hergestellt durch das LIGA-Verfahren, ist in der Literatur bisher nicht beschrieben worden.

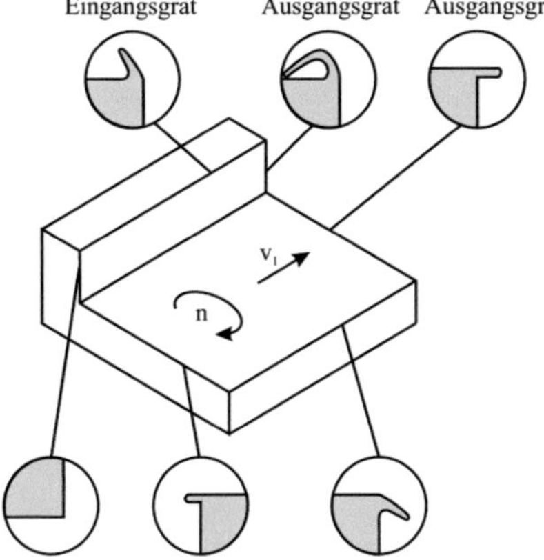

Abb. 3-8: Schematische Darstellung zur Gratbildung beim Winkelfräsen (aus [Hei2010])

4 Charakterisierung der Oberflächentopographie

Zur Quantifizierung der verschiedenen Bearbeitungsverfahren wurde die Oberfläche der Mikrostrukturen charakterisiert. Neben den allgemein bekannten Beschreibungen von Makro-Oberflächen durch ausgewählte Kenngrößen sowie verschiedene Messverfahren wird konkret auf die Problematik der vergleichenden Rauheitsmessung der in ihrer Messlänge begrenzten Mikrostrukturen eingegangen. Ein Lösungsansatz zur vergleichenden Rauheitsmessung, auch an unterschiedlich großen Mikrostrukturen, wird vorgestellt.

4.1 Definition für makroskopische Objekte

Rauheit, von Thomas [Tho1999] als natürlicher Zustand von Oberflächen bezeichnet, kann als Sammelbegriff der Oberflächentopographien bzw. der Gestaltabweichungen auf einer Oberfläche bezeichnet werden. Eine zusammengesetzte Oberfläche kann in ihre verschiedenen Abweichungen zerlegt werden. Diese Zerlegung erfolgt willkürlich in Abhängigkeit ihrer lateralen Ausdehnung. So spricht *Bennett* [Ben1992] von Formabweichungen, wenn die laterale Ausdehnung mehr als 10 mm beträgt. Ausdehnungen zwischen 1 mm und 10 mm bezeichnet sie als Welligkeiten und Ausdehnungen, die kleiner als 1 mm sind, als Rauheiten. Liegen Bauteilgrößen unter 10 mm, kommt es zu einer Überlappung von Welligkeit und Form. Die angegebenen Zahlenwerte stellen keine Absolutwerte sondern lediglich grobe Richtgrößen dar.

DIN 4760 [DIN1982] teilt die Gestaltabweichungen in verschiedene Ordnungen ein. Tabelle 4-1 gibt darüber eine Übersicht.

Tab. 4-1: Übersicht über die verschiedenen Gestaltabweichungen nach DIN 4760

Ordnungszahl	Gestaltabweichung	Beispiel
1	Form	Ebenheitsabweichung
2	Welligkeit	Wellen
3	Rauheit	Rillen
4	Rauheit	Riefen
5	Rauheit	Gefügestruktur
6	Rauheit	Gitteraufbau

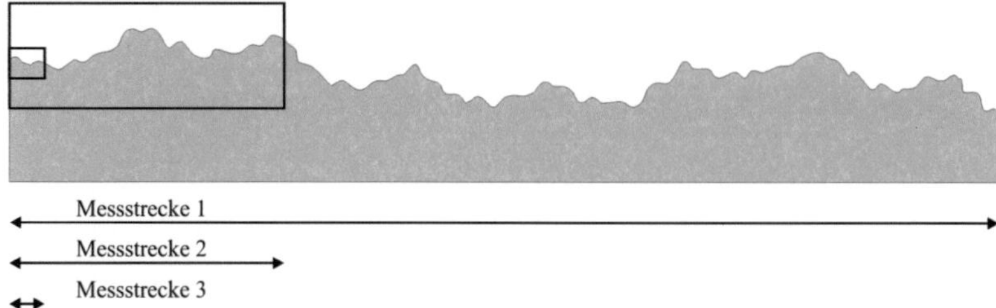

Abb. 4-1: Skalenabhängigkeit der Gestaltabweichungen 1. bis 6. Ordnung

Die Erfassung der Gestaltabweichungen ist abhängig von der Länge der Messstrecke. Bei kurzen Messstrecken sind vorwiegend Gestaltabweichungen der 3. bis 6. Ordnung, unter Umständen auch der 2. Ordnung zu erfassen. Bei langen Messstrecken sind alle Ordnungen zu erkennen. Ein Beispiel hierfür ist die in Abb. 4-1 dargestellte Oberfläche. Werden bei Messstrecke 1 die Gestaltabweichungen Form, Welligkeit und Rauheit sichtbar gemacht, so ist bei Messstrecke 2 lediglich die Welligkeit und die Rauheit erkennbar. Wird die Messstrecke nochmals verkleinert (Messstrecke 3) ist nur noch die Rauheit zu erkennen.

Oberflächentopographien, und somit auch Oberflächenrauheiten, bestimmt an Makro-Oberflächen, sind also skalenabhängig.

4.2   Oberflächenparameter

Neben dem Vermessen von Oberflächentopographien bedarf das Beschreiben der gemessenen Oberfläche mit sinnvollen Parametern einigem Nachdenken. Bedingt durch die historische Entwicklung der Rauheitsmessung existiert eine Vielzahl unterschiedlichster, mehr oder weniger aussagekräftiger Parameter, die Oberflächentopographien bzw. einzelne Funktionen der Oberfläche beschreiben sollen [Tho1981].

Die hier dargestellten Auswertemöglichkeiten beziehen sich auf messtechnisch erfasste 2D-Profile. Eine vergleichbare Beschreibung und Auswertung von 3D-Oberflächen wird im Augenblick erarbeitet und kann in dem Normenentwurf DIN 25178 nachgelesen werden [DIN2008].

4.2.1 Filterung

Ein messtechnisch erfasstes Oberflächeprofil enthält alle in 4.1 beschriebenen Gestaltabweichungen. Um daraus sinnvolle Oberflächenparameter wie z. B. Rauheits- oder Welligkeitsparameter berechnen zu können, wird das aufgenommene Messprofil mit Hilfe verschiedener Filter in Abhängigkeit der Wellenlänge in seine unterschiedlichen Anteile zerlegt. So werden die kurzwelligen Anteile, verursacht z. B. durch das Rauschen des Messgeräts oder durch den Tastspitzenradius, mit Hilfe eines Filters bei der Grenzwellenlänge λs abgetrennt. Das so erhaltene Profil wird als Primärprofil (P-Profil) bezeichnet. Die Grenze, bei der die Rauheit einer Oberfläche in die Welligkeit übergeht, wird durch die Grenzwellänge λc bestimmt. Durch die Filterung des P-Profils mit einem Profilfilter bei der Grenzwellenlänge λc wird dieses in seine kurz- und langwelligen Anteile getrennt. Die kurzwelligen Anteile $< \lambda c$ definieren das Rauheitsprofil (R-Profil), die langwelligen Anteile $> \lambda c$ werden dem Welligkeitsprofil (W-Profil) zugeordnet. Das erneute Filtern des P-Profils bei einer Grenzwellenlänge λf grenzt das W-Profil gegenüber längeren Wellenlängen ab, die als Form bezeichnet werden (Abb. 4-2) [DIN1998; DIN1997].

Die jeweilige Grenzwellenlänge, welche die einzelnen Filterbereiche voneinander trennt, ist in Abhängigkeit des Tastspitzenradius in DIN 3247 [DIN1997] für λs und λc beschrieben. Angaben für die Grenzwellenlänge λf sind bisher noch in keiner Norm festgelegt worden. In vielen Fällen wird deshalb ohne diese Filterung gearbeitet, mit der Konsequenz, dass Formabweichungen in vollem Umfang im Welligkeitsprofil enthalten sind [Vol2005].

Durch verschiedene Filterungen kann also aus dem erfassten Messprofil das P-Profil, das R-Profil und das W-Profil ermittelt werden. Aus diesen drei Profilen können verschiedene Oberflächenparameter berechnet werden, die ebenfalls durch die Buchstaben P, R und W gekennzeichnet. Für die Vergleichbarkeit der P-, R- und W-Parameter sind Standardmessbedingungen wie z. B. die korrekte Länge der Messstrecke sowie der korrekte Radius der Tastspitze in nationalen (z. B. DIN, ASTM) und internationalen (z. B. ISO) Normen festgelegt worden. So muss die Gesamtmessstrecke L einer Messung laut Norm immer dem fünffachen der Grenzwellenlänge λc entsprechen, wobei λc als Einzelmessstrecke l definiert ist.

Whitehouse [Whi1994] unterteilt die Oberflächenrauheiten in Abhängigkeit ihrer Parameter in verschiedene Kategorien. Die für diese Arbeit relevanten Kategorien werden im Folgenden beschrieben.

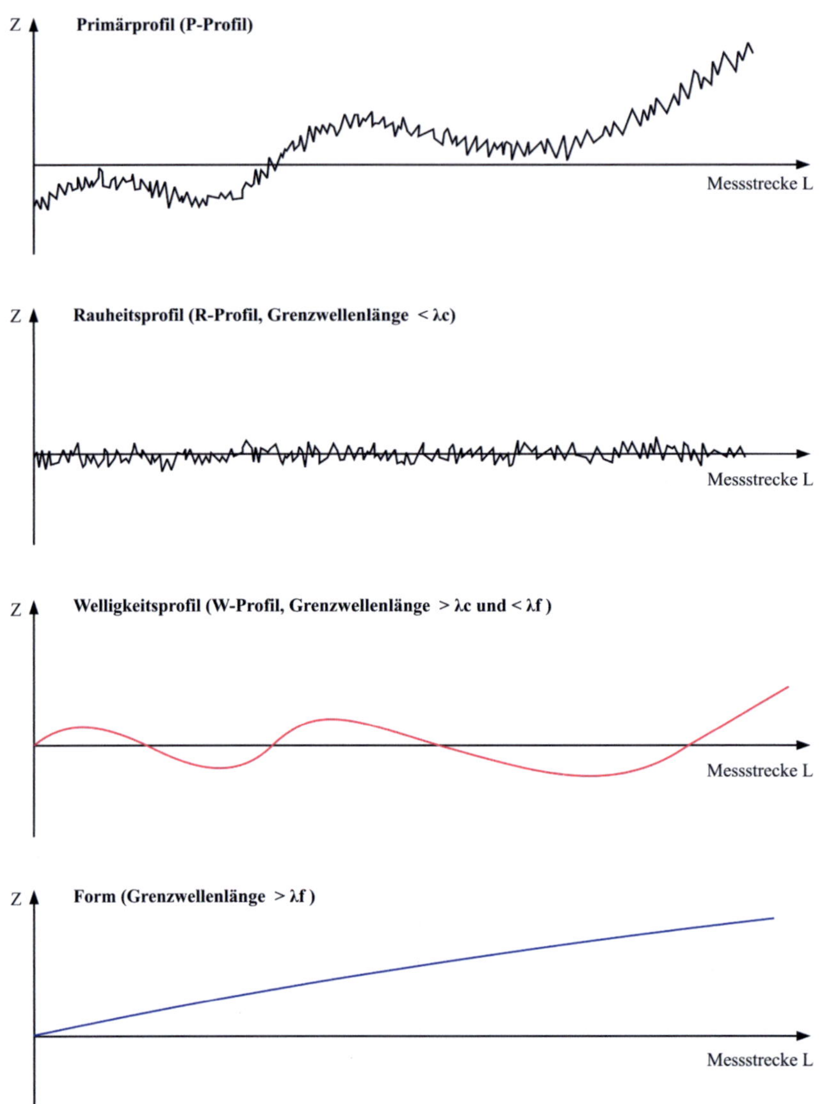

Abb. 4-2: Schematische Darstellung der Zerlegung eines Primärprofils in seine Rauheits- und Welligkeitsanteile sowie in seine Form mit Hilfe der Grenzwellenlängen λc und λf

4.2.2 Amplituden-Parameter

Amplituden-Parameter beschreiben die Höhenabweichungen eines Profils. Je nach Darstellung oder Berechnung der Höhenabweichungen kann die Oberfläche verschiedenartig charakterisiert werden.

Im Folgenden werden drei Parameter näher beschrieben.

- Arithmetischer Mittenrauwert Ra: errechnet sich aus den Beträgen aller Höhenwerte *z(x)* innerhalb einer Einzelmessstrecke *l* (Gleichung (4.1)).

$$Ra = \frac{1}{l} \int_0^l |z(x)| \, dx \qquad\qquad (4.1)$$

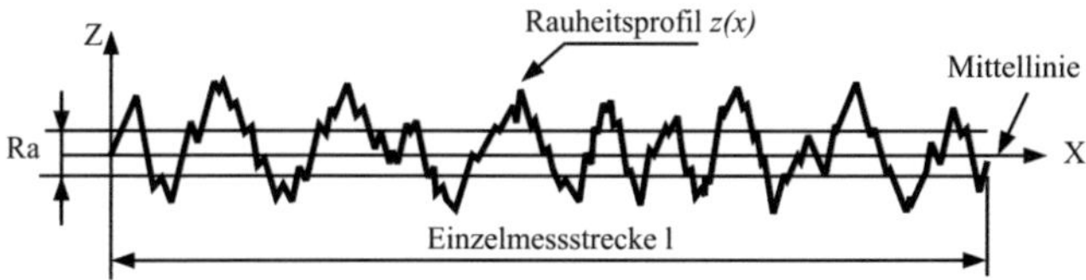

Abb. 4-3: Darstellung des arithmetischen Mittenrauwerts Ra

Der Ra-Wert ist ein häufig genutzter, in seiner Aussagekraft aber umstrittener Rauheitswert. Durch die Mittelwertbildung reagiert er nur sehr schwach auf einzelne Profilspitzen oder -riefen. Das hat den Nachteil, dass der Ra-Wert keinerlei Aussage über das Aussehen der Oberfläche zulässt. Oberflächen mit unterschiedlichen Topographien können nahezu identische Ra-Werte aufweisen (Abb. 4-4). Die Mittelwertbildung hat aber auch den Vorteil, dass einzelne Störungen im Profil nur abgeschwächt einfließen. Dadurch streuen die Messergebnisse von Messstrecke zu Messstrecke sehr wenig und sind sehr gut wiederholbar [DIN1998; Tho1999; Vol2005].

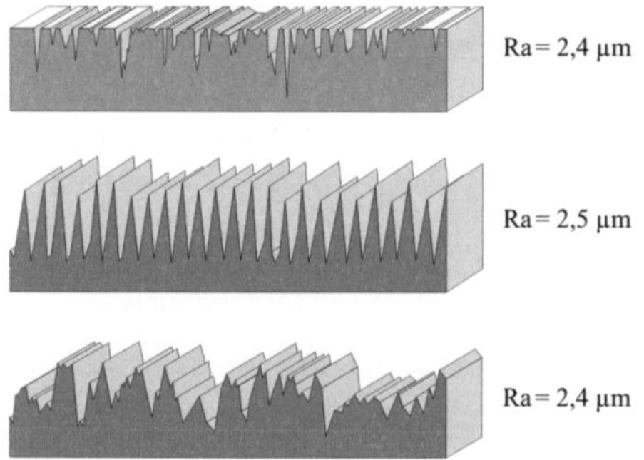

Abb. 4-4: Darstellung unterschiedlicher Oberflächen bei nahezu gleichbleibendem Ra-Wert [Tho1999]

- Quadratischer Mittenrauwert Rq: bezeichnet den quadratischen Mittelwert aller Höhenwerte $z(x)$ innerhalb einer Einzelmessstrecke l (Gleichung (4.2)). Der Rq-Wert, häufig auch als Root-Mean-Square (RMS) bezeichnet, ist an den Ra-Wert angelehnt, reagiert aber empfindlicher auf Riefen und Spitzen. Des Weiteren entspricht der Rq-Wert der Standardabweichung σ der Profil-höhenverteilung und kann statistisch ausgewertet werden [DIN1998; Vol2005].

$$Rq = \sqrt{\frac{1}{l} \int_0^l z(x)^2 \, dx} \tag{4.2}$$

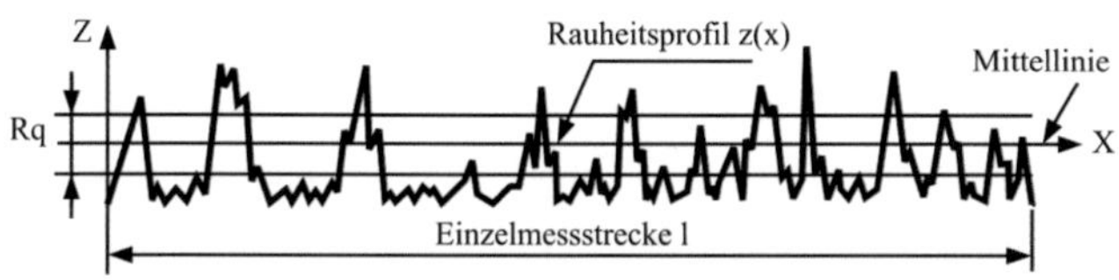

Abb. 4-5: Darstellung des quadratischen Mittenrauwerts Rq

- Maximale Rautiefe Rt: bezeichnet den senkrechten Abstand der höchsten Rauheitsspitze zum tiefsten Rauheitstal innerhalb der Gesamtmessstrecke L (Abb. 4-6) [DIN1998].

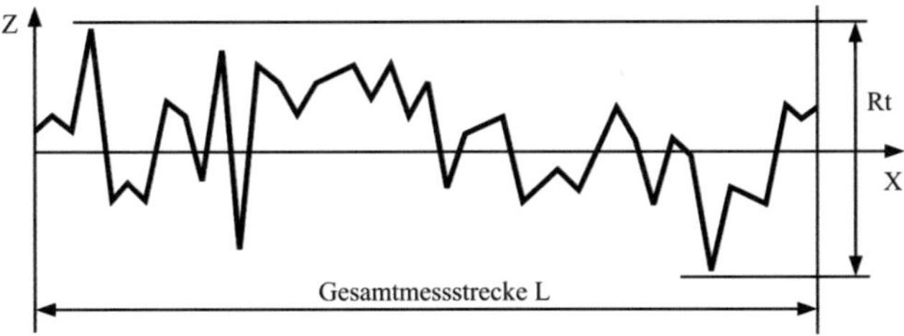

Abb. 4-6: Amplituden-Parameter maximale Rautiefe Rt

Die hier dargestellten Parameter werden alle aus dem R-Profil berechnet. Ist die Messstrecke für eine Rauheitsfilterung zu kurz, kann die Auswertung der Parameter auch am P-Profil erfolgen. Unter Angabe der Einzel- bzw. Gesamtmessstrecke werden die berechneten Parameter, z. B. Pa, Pq oder Pt, angegeben. Die Berechnung der Kenngrößen aus dem P-Profil ist mit der aus dem R-Profil identisch [DIN1998; Hel2006].

4.2.3 Spektrale Leistungsdichte (PSD)

Die Reduzierung der Oberflächentopographie auf einen Rauheitskennwert wie Ra oder Rq lässt keine weiteren Rückschlüsse auf das ursprüngliche Profil und die sich daraus ergebenden Eigenschaften zu [Mar2002]. Mit Hilfe der aus der Signaltheorie kommenden spektralen Leistungsdichte (engl. power spectral density, PSD) [Tho1969], kann ein Oberflächenprofil ohne Informationsverlust detailliert beschrieben werden [Pre1992; Whi1994]. Dabei wird das Oberflächenprofil in Form einer PSD über der Ortsfrequenz aufgetragen. In Abhängigkeit der jeweiligen Ortsfrequenzen kann zwischen der Form (niedrige Ortsfrequenzen) und der Rauheit (höhere Ortsfrequenzen) unterschieden werden. Abbildung 4-7 zeigt zwei mit einem Tastschnittgerät aufgenommene Oberflächenprofile mit unterschiedlich stark ausgeprägter Formabweichung und die daraus resultierenden PSD-Kurven. Die Einflüsse der Formabweichung und der Rauheit äußern sich in der PSD-Kurve durch eine unterschiedliche Steigung und daraus resultierend einem unterschiedlichen Schnittpunkt der PSD-Kurve mit der y-Achse. Je größer die Formabweichung und die Rauheiten des gemessenen Oberflächenprofils sind, desto steiler wird die PSD-Kurve im Bereich der Ortsfrequenzen zwischen 0 μm^{-1} und 5 μm^{-1}. Die Deckungsgleichheit

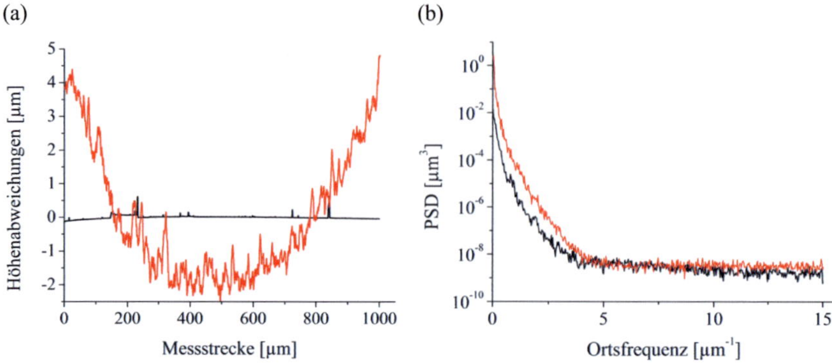

Abb. 4-7: Darstellung zweier Oberflächenprofile mit unterschiedlicher Formabweichung (a)
und die daraus resultierenden PSD-Kurven (b)

der PSD-Kurven ab einer Ortsfrequenz von 5 μm^{-1} entspricht dem Kehrwert des
verwendeten Tastspitzenradius von 0,2 μm.

Die Berechnung der PSD kann entweder, wie in Abb. 4-7, eindimensional aus
aufgenommenen Profildaten (1D-PSD) oder zweidimensional aus Flächendaten (2D-
PSD) erfolgen. Die Berechnung der Fast Fourier Transformation $Z(k)$ (genannt: FFT)
ist ein Weg zur Bestimmung der 1D-PSD aus den erfassten Profildaten $z(x)$ [Els1995;
Pre1992]:

$$Z(k) = \int_0^L z(x)\exp(-ikx)dx \tag{4.3}$$

mit L gleich der Gesamtmessstrecke des aufgenommen Profils $z(x)$, $i = (-1)^{1/2}$ und der
Wellenzahl k gleich $\lambda(2\pi)^{-1}$. Nach Gleichung (4.4) ergibt sich die spektrale Leistungsdichte aus dem quadrierten Betrag von $Z(k)$, dividiert durch die Gesamtmessstrecke L
des Profils.

$$PSD(Z(k)) = \frac{\left| Z(k) \right|^2}{L} \tag{4.4}$$

Unter Umständen muss die FFT mit einem Normierungsfaktor multipliziert
werden, um dem Parsevalschen Theorem zu genügen [Els1995; Pre1992]. Das
Parsevalsche Theorem sagt aus, dass das Integral über dem Betragsquadrat einer
Funktion im Zeitbereich gleich dem Integral über dem Betragsquadrat der Transfor-

mierten im Frequenzbereich ist. Diese Normierung kann durch die Transformation der FFT aus dem Zeit-Frequenz- in den Längen-Ortsfrequenzbereich entstehen. Ist der Normierungsfaktor korrekt und somit das Parseval Theorem erfüllt, entspricht die Fläche unter der PSD-Kurve zwischen den Ortsfrequenzen f_{min} und f_{max} dem Quadrat des Rq-Werts (4.5), wobei das Produkt aus λ und f gleich konstant ist. Weitere Details zur konkreten Berechnung der PSD-Kurve sind in Kapitel 4.5.2 dargestellt.

$$Rq^2 = \int\limits_{f_{min}}^{f_{max}} PSD(f)\, df \tag{4.5}$$

4.3 Messverfahren

Um Oberflächentopographien in allen Skalenbereichen zu charakterisieren, werden verschiedenste Messverfahren angewendet. Diese Verfahren können nach ihrer Art der Datenaufnahme in zwei Bereiche gegliedert werden (die genannten Beispiele stellen lediglich eine Auswahl dar):

- Taktile Verfahren, z. B. Tastschnittgerät für die mikroskopische Skala, Rasterkraftmikroskop (AFM) für die ultramikroskopische Skala
- Berührungslose Verfahren, z. B. Weißlichtinterferometrie für die mikroskopische Skala, REM-Stereoskopie

4.3.1 Taktile Methoden

Tastschnittverfahren

Beim Tastschnittverfahren wird die Oberfläche einer Probe mit einer Tastspitze aus Diamant abgetastet, die sich in ständigem Kontakt zur Oberfläche befindet [DIN1997; Whi1994]. Die Nadel wird entweder mit konstanter Geschwindigkeit über die Probenoberfläche gezogen oder die Probenoberfläche bewegt sich mit konstanter Geschwindigkeit unter der Tastnadel entlang. Die vertikale Auslenkung der Tastspitze wird induktiv aufgenommen, in ein elektrisches Signal umgewandelt, verstärkt und aufgezeichnet. Daraus ergibt sich das Messprofil (schematische Darstellung eines

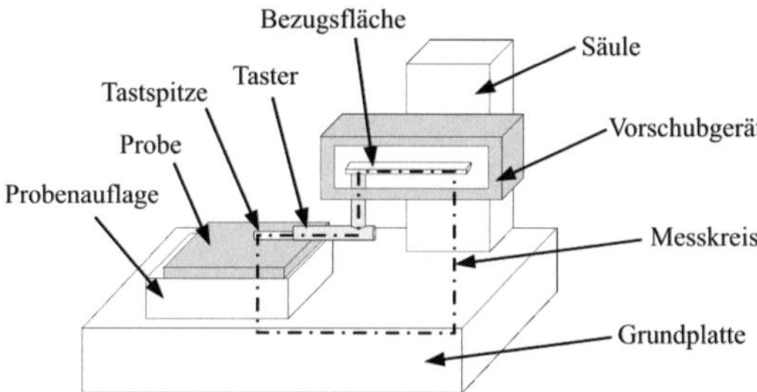

Abb. 4-8: Schematische Darstellung eines Tastschnittgeräts nach [Kef2008]

Tastschnittgeräts siehe Abb. 4-8). Sowohl 2D-Profil- als auch 3D- Flächen-Messungen sind möglich.

Üblicherweise wird das Tastschnittverfahren in der Industrie eingesetzt, um Oberflächenveränderungen zu überwachen und Rauheitsparameter zu bestimmen [Jia2007; Kün2007]. Die Reproduzier- und Vergleichbarkeit der Messungen ist durch vorhandene internationale Standards gegeben.

Die Vorteile des Verfahrens liegen in der einfachen Anwendung, dem großen Messbereich (lateral je nach Gerät bis zu 200 mm, vertikal bis zu 1 mm) und dem problemlosen Messen von transparenten Materialien. Der Nachteil bei taktilen Messungen ist der große Einfluss der Tastspitze. Bedingt durch die finiten Abmessungen der Tastspitze (Spitzenradien zwischen 0,2 µm und 25 µm bei Kegelwinkeln von 60° oder 90°) wird ein verzerrtes Bild der Oberfläche abgebildet. Rauheitsspitzen können abgerundet, Rauheitstäler übergangen werden (Abb. 4-9). Auch ein Zerkratzen und dadurch eine Zerstörung der Oberfläche durch die Tastspitze ist vor allem bei weichen Materialien möglich.

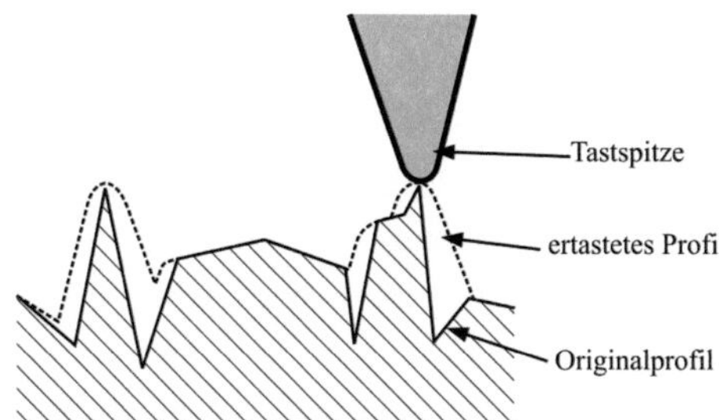

Abb. 4-9: Verzerrung des gemessenen Profils durch die finiten Abmessungen der Tastspitze (übertrieben dargestellt) (in Anlehnung an [Tho1999])

Rasterkraftmikroskopie

Bei der Rasterkraftmikroskopie, auch Atomkraftmikroskopie (AFM) genannt, werden die auftretenden Kräfte zwischen einer Spitze und der Probenoberfläche erfasst und als Farbwerte am Monitor angezeigt. Die Spitze, mit Radien kleiner 10 nm, befindet sich an einer Blattfeder, auch Cantilever genannt. Ein Laserstrahl, der auf die Rückseite des Cantilevers gerichtet ist, wird dort reflektiert und von einem Vier-Quadranten-Detektor detektiert. Wird die Spitze mit konstanter Kraft über die Oberfläche geführt, verändert sich die Biegung des Cantilevers und daraus resultierend der Winkel des Laserstrahles auf den Detektor in Abhängigkeit der Oberflächentopographie. Abbildung 4-10 stellt schematisch die Funktionsweise dar.

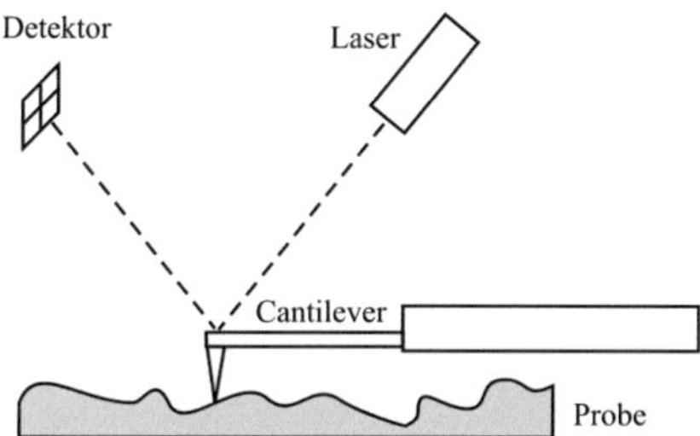

Abb. 4-10: Schematische Darstellung der Funktionsweise eines AFM [Whi1994]

Mit dem AFM können Topographien im unteren Nanometer- bis in den Mikrometer-Bereich, typischerweise über eine Fläche von 100 µm², sichtbar gemacht werden. Des Weiteren darf die Oberfläche nicht allzu rau sein, da der vertikale Messbereich auf wenige Mikrometer beschränkt ist. Trotz des kleinen Radius der Tastspitze und den sehr kleinen Kräften kann die Probenoberfläche durch das Messen beschädigt werden [Bin1986; Whi1994; Zho1993].

4.3.2 Optische Methoden

Weißlichtinterferometrie

Bei der Weißlichtinterferometrie ersetzt ein Lichtstrahl die mechanische Tastspitze. Weißes Licht trifft auf einen Strahlteiler, der das Licht in einen Mess- und einen Referenzstrahl aufspaltet. Der Messstrahl trifft auf die zu messende Probenoberfläche, und wird dort reflektiert oder gestreut. Der Referenzstrahl trifft auf einen ideal ebenen und glatten Referenzspiegel und wird von diesem ebenfalls reflektiert. Die zurückgeworfenen Strahlengänge rekombinieren im Strahlteiler und werden von dort auf einen CCD-Detektor weitergeleitet, der das Interferenzbild aufnimmt und die Intensität misst (Abb. 4-11). Durch die vertikale Veränderung der Position der Probenoberfläche und die gleichzeitige Aufnahme der Intensitäten kann die Oberflächentopographie erfasst und quantitativ ausgewertet werden.

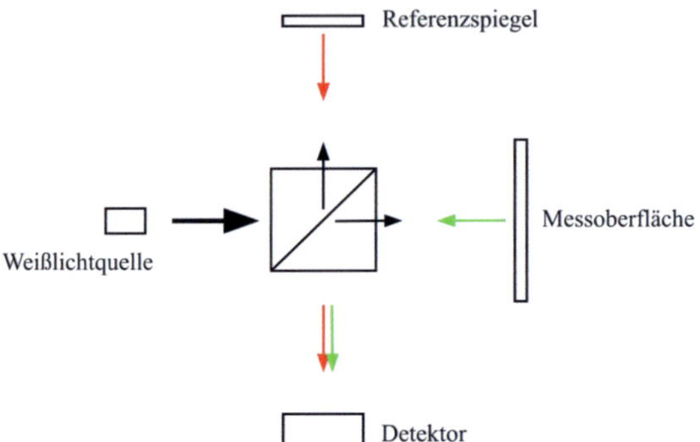

Abb. 4-11: Schematische Darstellung des Strahlengangs in einem Weißlichtinterferometer [Con2008]

Sowohl 2D-Profil- als auch 3D-Flächen-Messungen sind mit der Weißlichtinterferometrie möglich. Als Beispiel einer 3D-Flächenmessung ist eine galvanisch abgeschiedene Nickel-Mikrostruktur in Abb. 4-12 dargestellt.

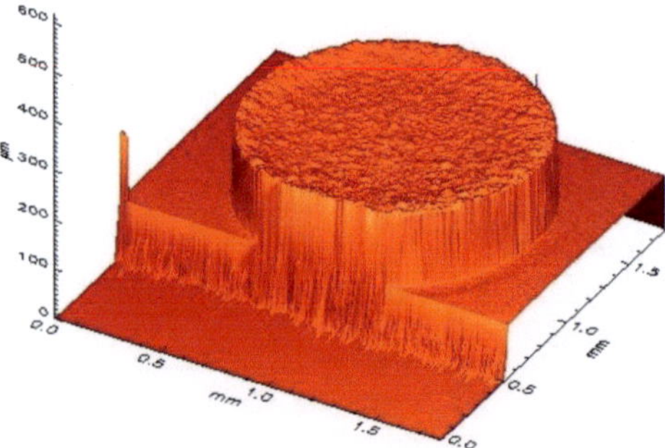

Abb. 4-12: 3D-Weißlichtinterferometrie an einer galvanisch abgeschiedenen Nickel-Mikrostruktur

Die zerstörungsfreie Messung der Oberflächentopographie, vor allem bei weichen Materialien, ist ein großer Vorteil dieses Verfahrens. Typische Messbereiche von Labormessgeräten liegen in vertikaler Richtung bei 10 mm, in lateraler Richtung bei ca. 8 mm auf 6 mm. Die vertikale Auflösung liegt unter 0,1 nm. Nur eingeschränkt messbar sind mäßig reflektierende bzw. stark streuende Oberflächen sowie steile Kanten und Spitzen, da in diesem Falle die Reflexion des Messstrahls nicht auf den Detektor trifft [Con2008; Kün2007].

REM-Stereoskopie

Rasterelektronenmikroskopisch aufgenommene Bilder zeigen trotz der zweidimensionalen Bildinformation eine hohe Tiefenschärfe, die aber quantitativ nicht ausgewertet werden kann. Werden REM-Stereobildpaare in einer Bildebene (euzentrische Ebene) um einen Winkel von 3° bis 10° zueinander verkippt aufgenommen, kann die Höheninformation mit Hilfe von stereophotogrammetrischer Software, z. B. *MeX* von *Alicona Imaging*, rekonstruiert werden. Ein Algorithmus findet korrespondierende Bildpunkte und kann so nahezu jedem Pixel eine entsprechende x-y-z-Koordinate zuordnen. Die so generierte Oberfläche kann mit Hilfe der in der Software *MeX* hinterlegten Mess-Operationen hinsichtlich ihrer Oberflächentopographie direkt im optischen Bild charakterisiert werden. Anwendung findet dieses Verfahren hauptsächlich in der Metallographie zur Charakterisierung von Bruchoberflächen. Abbildung 4-13 zeigt eine so dargestellte Oberfläche einer galvanischen Nickelschicht.

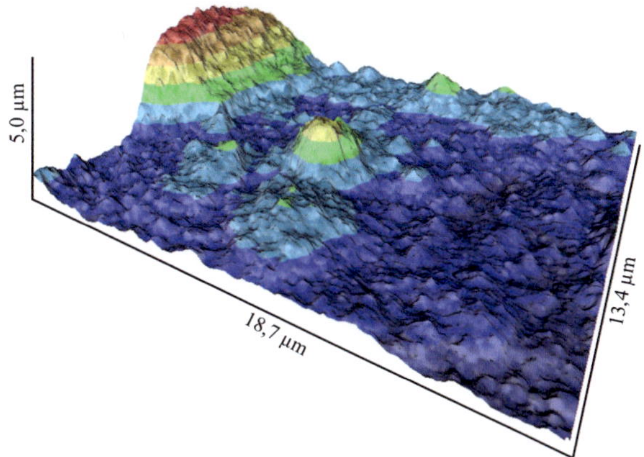

Abb. 4-13: 3D-Darstellung einer am REM aufgenommenen galvanisch abgeschiedenen Nickel-Oberfläche mit Hilfe der Software *MeX*

Voraussetzung für reproduzierbare Parameter sind kalibrierte REM-Aufnahmen mit hoher Bildgüte. Einschränkungen des Verfahrens bestehen bei wenig kontrastreichen Oberflächen, zu großen Helligkeitsunterschieden sowie einer zu homogenen aber auch einer sich zu stark wiederholenden Oberflächenstruktur. Sie führen zu wenig eindeutig korrespondierenden Punkten und können daher nicht rekonstruiert werden. Auch steile Flanken oder Hinterschneidungen können, wenn sie nur auf einem der aufgenommenen Bilder zu sehen sind, nicht rekonstruiert werden [Aze2010; Mar2008; Mat2003].

4.4   Rauheitsmessung an Mikrostrukturen

Aufgrund der eingeschränkten geometrischen Abmessungen von Mikrostrukturen können Oberflächenrauheiten nicht mehr nach den in 4.2 dargestellten normierten Bedingungen vermessen und ausgewertet werden. Eine normgerechte Trennung von Form, Welligkeit und Rauheit ist nicht möglich. In Abhängigkeit der geometrischen Abmessungen der Mikrostrukturen und der Messstrecke müssten für jede Mikrostruktur neue Grenzwellenlängen hinsichtlich der Gestaltabweichungen definiert werden. Aufgrund fehlender Regularien wären diese Größen subjektive Einflussgrößen und eine Vergleichbarkeit der Rauheiten untereinander ist nicht möglich.

Tabelle 4-2 zeigt eine Übersicht unterschiedlicher, in der Literatur dargestellter, Herangehensweisen zur Charakterisierung verschiedener Oberflächenparameter an Mikrostrukturen. Die von den jeweiligen Autoren dargestellten Parameter können aufgrund der unterschiedlichen Messverfahren und Messstrecken bzw. -flächen sowie der individuellen Filterung nicht miteinander verglichen werden und sind auf die jeweilige Veröffentlichung begrenzt. Das schränkt die Aussagekraft der Parameter stark ein.

Daraus ergibt sich die Notwendigkeit, eine Auswertung der aufgenommenen Messdaten zu verwenden, die es ermöglicht, Oberflächenparameter unabhängig von der Größe der einzelnen Mikrostruktur zu bestimmen. Die so erhaltenen Parameter würden einen sinnvollen Vergleich untereinander zulassen.

Tab. 4-2: Methoden und Parameter aus der Literatur zur Charakterisierung von Oberflächen-topographien an Mikrostrukturen

	Andryushchenko et al. [And2006]	Lee und Davies [Lee2007]	Shivareddy et al. [Shi2008]	Riveros et al. [Riv2009]	Vallance et al. [Val2004]
vermessenes Objekt	elektropolierte Kupfer-oberfläche	Seitenwände von Mikrokanälen	Oberfläche von Mikrostiften	Seitenwände von Mikroporen	Oberfläche von Mikrowerkzeugen
Verfahren	Tastschnittgerät	AFM	AFM	optische Profilometrie	Weißlicht-interferometrie
2D, 3D	2D	3D	3D	3D	2D, 3D
Messstrecke, Fläche	10 µm, 300 µm	70 x 70 µm²	15 x 15 µm²	50 x 50 µm²	450 µm 150 x 50 µm² *
Parameter	Rq	Rq, Rpp, Rsk, Rku	individuel lc	Rq, Ra	W-/Ra,W-/Rq,W-/Rsk, Wku/Rku, Pt
Filterung	nein	nein	nein	ja, individuell	ja, Form,Welligkeit, Rauheit

* diese Fläche ist aus mehreren Einzelscans zusammengesetzt

4.5 Verwendete Methodik zur Charakterisierung der Rauheit

In der vorliegenden Arbeit soll die Veränderung der Oberflächentopographie an Nickel-Mikrostrukturen unterschiedlicher geometrischer Form und Abmessung durch verschiedenen (elektro-) chemische Endbearbeitungsmethoden untersucht und dargestellt werden. In einem ersten Schritt wurde ein für die zu untersuchenden Oberflächen geeignetes Messverfahren ausgewählt, in einem zweiten Schritt erfolgte die Auswertung der aufgenommenen Profildaten mit Hilfe der Berechnung der 1D-PSD.

4.5.1 Auswahl eines passenden Messverfahrens

Zur Bestimmung und Charakterisierung der Oberflächentopographie wurden verschiedene optische und taktile Verfahren an Mikroprüfkörpern erprobt. Gesucht wurde ein Verfahren, dass die Oberfläche sowohl nach der galvanischen Abscheidung als auch nach der Endbearbeitung ausreichend charakterisiert. Eine Übersicht über die getesteten optischen und taktilen Verfahren geben Tab. 4-3 und Tab. 4-4.

Optische Messungen wurden zum einen interferometrisch, zum anderen stereoskopisch durchgeführt. Die Vermessung der Oberflächentopographie nach der galvanischen Abscheidung mit den beiden Interferometrie-Methoden verlief sowohl als Profil- wie auch als Flächenmessung ohne Schwierigkeiten. Die Charakterisierung elektropolierter Mikrostrukturen erwies sich aufgrund der stark streuenden Oberfläche als nicht durchführbar. Um diese Oberflächen charakterisieren zu können, müsste die

Tab. 4-3: Übersicht über die getesteten optischen und elektronenmikroskopischen Verfahren

optisch	Interferometrie		REM-Stereoskopie
	Weißlicht	chromatisch-konfokal	
2D, 3D	2D, 3D		2D, 3D
nach der galv. Abscheidung	ja		ja
nach der Endbearbeitung	nein		nein
Bemerkungen	zu stark reflektierende Oberfläche		fehlender Kontrast

Reflektivität durch eine Beschichtung der Oberfläche z. B. mit Kohlenstaub reduziert werden. Da die Oberflächen aber zum Teil mehrmals endbearbeitet wurden, kam eine Beschichtung derselben im Rahmen dieser Arbeit nicht in Frage.

Dieselben Oberflächen wurden auch mit Hilfe der REM-Stereoskopie optisch dargestellt und vermessen. REM-Aufnahmen wurden an jeweils zwei identischen Bildausschnitten unter einem Kippwinkel von 7° sowohl an einer unbearbeiteten als auch an einer elektropolierten Oberfläche aufgenommen. Die Höheninformationen wurden mit der Messsoftware *MeX* (von *Alicona Imaging*) berechnet. Die Rekonstruktion der nach der galvanischen Abscheidung erhaltenen und aufgenommenen Oberflächen gelang. Die Aufnahme und Rekonstruktion der Oberfläche nach dem Elektropolieren war aufgrund des fehlenden Kontrastes der, bei der verwendeten Vergrößerung, sehr glatten Oberfläche schwierig. Höheninformationen konnten nicht mehr aus den rekonstruierten Daten gewonnen werden. Aus diesen Gründen mussten die in Tab. 4-3 dargestellten optischen Verfahren zur Charakterisierung der Oberflächen von Mikrostrukturen für diese Arbeit verworfen werden.

Taktile Messungen (Tab. 4-4) wurden an verschiedenen Tastschnittgeräten durchgeführt. Profilmessungen, sowohl nach der galvanischen Abscheidung als auch nach den Endbearbeitungen, konnten ohne Schwierigkeiten aufgenommen werden.

AFM-Messungen waren nach der galvanischen Abscheidung nicht möglich. Bedingt durch den Wachstumsprozess des Nickels bildet sich keine glatte und ebene Oberfläche aus. Sie besteht vielmehr aus Kristalliten, die vereinzelt Höhen von mehreren 10 µm über die eigentliche Oberfläche hinaus erreichen. Auch Kristallit-Inseln mit lateralen und vertikalen Abmessungen von einigen 10 µm sind zu

Tab. 4-4: Übersicht über die getesteten taktilen Verfahren

taktil		Tastschnittgerät	AFM
	2D, 3D	2D	2D, 3D
Charakterisierung möglich	nach der galv. Abscheidung	ja	nein
	nach der Endbearbeitung	ja	ja
	Bemerkungen	-	Auslenkung in z-Richtung >10 µm

beobachten. Solche Auslenkungen in vertikaler Richtung sind mit dem vorhandenen AFM nicht zu erreichen. Hier liegt die maximale Auslenkung in vertikaler Richtung bei 6 µm. Wird die Oberfläche durch die Endbearbeitung so stark eingeebnet, dass die oben genannten Inhomogenitäten nicht mehr vorhanden sind, können AFM-Messungen durchgeführt werden.

Aufgrund dieser Ergebnisse wurden die Oberflächen für diese Arbeit taktil mit einem Tastschnittgerät charakterisiert. Die Messparameter können in Kapitel 5.2.3 nachgeschlagen werden. Die Messungen erfolgten aufgrund der durch die Mikrostrukturen eingeschränkten Messstrecke nicht nach den gängigen Normen. Aus diesem Grund erfolgte die Berechnung und Auswertung des Amplituden-Parameters Pa am Primärprofil (P-Profil). Eine Überlagerung der durch die Galvanoformung bedingten Formabweichung der Mikrostrukturen und der Rauheiten wurde in Kauf genommen. Zusätzlich wurden die Profile durch die eindimensionale spektrale Leistungsdichte dargestellt, um Form und Rauheit voneinander zu trennen (siehe Kapitel 4.2.3) und so auch an unterschiedlich großen Mikrostrukturen vergleichende Rq-Werte zu erhalten.

4.5.2 Berechnung der eindimensionalen spektralen Leistungsdichte

Die Berechnung der eindimensionalen spektralen Leistungsdichte (1D-PSD) erfolgte anhand aufgenommener Tastschnittprofile. Um untereinander vergleichbare PSD-Kurven zu erhalten, wurde von allen Profilen die Ausgleichsgerade subtrahiert. Zur Erhöhung der Reproduzierbarkeit wurden die einzelnen Linienscans in neun, sich zur Hälfte überlappende, Segmente aufgeteilt (siehe auch Abb. 4-15b und c). Die Profildaten jedes Teilsegments wurden in die PSD transformiert und anschließend zu einer Gesamtdarstellung gemittelt. Die Berechnung der PSD erfolgte mit Hilfe der FFT-Routine von *OriginPro 8.1*. Diese Berechnungsroutine wurde anhand eines vorgegebenen Sinusprofils überprüft (Abb. 4-14). Der Verlauf der PSD-Kurve resultiert aus der Fensterung des Profils mit der Welch-Funktion *w(n)*:

$$w(n) = 1 - \left(\frac{2n}{M}\right)^2 \tag{4.6}$$

wobei *n* dem aktuellen Index des Eingangssignals und *M* der Fensterbreite zuzuordnen ist.

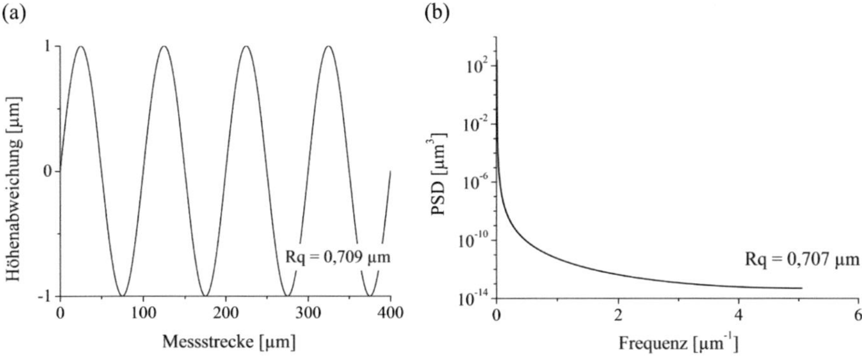

Abb. 4-14: Darstellung des verwendeten Sinusprofils (a) und der nach der Berechnungsroutine erhaltenen PSD-Kurve sowie die resultierenden Rq-Werte (b)

Der Rq-Wert wurde sowohl aus den Profilwerten als auch aus dem Integral der PSD-Kurve über die gesamte Frequenz (siehe Gleichung (4.5)) ermittelt und verglichen. Beide Rq-Werte sind nahezu identisch. Somit kann die Berechnungsroutine als korrekt angenommen werden.

Auch an realen Tastschnittprofilen, aufgenommen an einem Rauheitsnormal, wurde die Berechnungsroutine überprüft. Abb. 4-15a zeigt das aufgenommene und mit der Ausgleichsgeraden subtrahierte Rauheitsprofil. Mit Hilfe der PSD-Berechnungsroutine wurde die in Abb. 4-15b dargestellte PSD-Kurve ermittelt und der entsprechende Rq-Wert berechnet. Eine aus neun sich zur Hälfte überlappende Segmenten gemittelte PSD-Kurve und der daraus resultierende Rq-Wert ist in Abb. 4-15c dargestellt. Der aus dem Gesamtprofil bestimmte Rq-Wert liegt über dem eigentlichen Rq-Wert des Rauheitsprofils. Durch die Segmentierung und anschließende Mittelung der einzelnen PSDs verringert sich der Rq-Wert und liegt näher an dem des Rauheitsprofils.

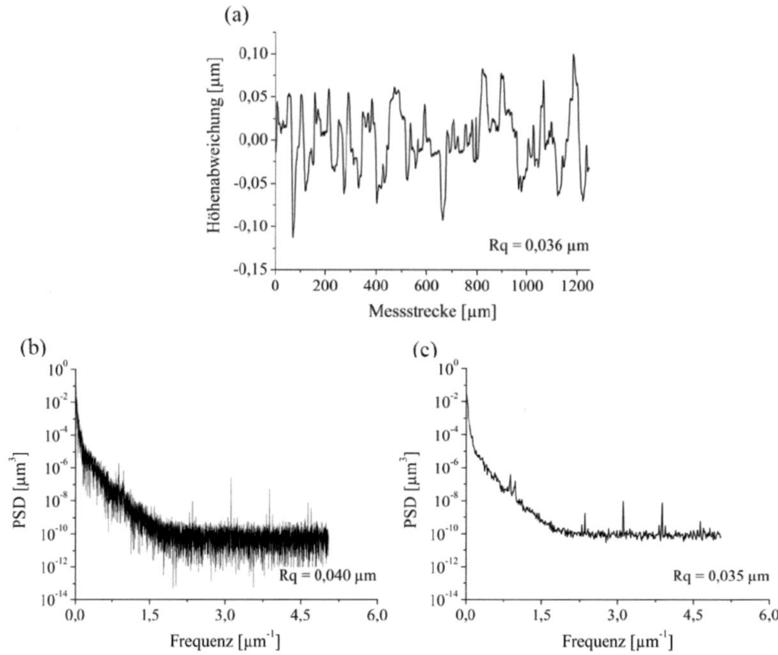

Abb. 4-15: Darstellung des Rauheitsprofil (a), die nach der PSD-Berechnungsroutine erhaltene Kurve (b) sowie die in neun Segmente unterteilte, berechnete und gemittelte PSD-Kurve (c) und die dazugehörigen Rq-Werte

4.5.3 Spektrale Leistungsdichte: Trennung von Form und Rauheit

Die anhand der PSD-Kurve dargestellten Ortsfrequenzen bilden das Profil der Oberfläche ab, das sich aus verschiedenen Gestaltabweichungen zusammensetzt. Den niederfrequenten Anteilen sind Form und Welligkeit, den höherfrequenten Anteilen Rauheit zuzuordnen. Galvanisch erzeugte Schichten weisen, bedingt durch den Wachstumsprozess während der Abscheidung, Gestaltabweichungen vorrangig in Form von Rauheiten und Formabweichungen auf, wobei der Anteil der Formabweichungen in Abhängigkeit der Größe der Mikrostruktur und der Messstrecke variiert. Beträgt die Messstrecke der Profilmessung z. B. ein fünftel der Größe der Mikrostruktur, ist die Formabweichung der Oberfläche weniger deutlich ausgeprägt als bei Messungen, bei der die Messstrecke annähernd die Größe der Mikrostruktur erreicht.

Sollen Rauheitswerte unterschiedlich großer Mikrostrukturen miteinander verglichen werden, müssen die jeweiligen Grenzfrequenzen, die Form- und Rauheitsanteile voneinander trennen, bekannt sein. Nur so kann für die Berechnung von Rq ein Frequenzbereich gewählt werden, in dem alle zu vergleichenden Oberflächen ausschließlich Rauheitsanteile aufweisen. Allerdings ist das Festlegen einer allgemein gültigen Grenzfrequenz, aufgrund der unterschiedlich ausgeprägten Steigungen der PSD-Kurven im niederfrequenten Bereich in Abhängigkeit der Formabweichungen, nicht möglich. Mit Hilfe von AFM-Vergleichsmessungen wurde eine Methodik entwickelt, um die Grenzfrequenz ermitteln zu können, die Form und Rauheit voneinander trennt.

Der Rq-Wert einer ideal ebenen, und somit nur aus Rauheitsanteilen bestehenden Oberfläche wurde durch AFM-Messungen an verschiedenen Mikrostrukturen jeweils über eine Fläche von 92,5 µm auf 92,5 µm mit einer Tastrate von 1 Hz bestimmt. Die ideal ebene Oberfläche entsprach in diesem Fall einer galvanisch abgeschiedenen und mit Hilfe des CMP eingeebneten Nickel-Oberfläche (siehe Kapitel 6). Abbildung 4-16 zeigt eine der aufgenommenen Oberflächen als Kontrast- (a) und 3D-Darstellung (b). Die minimal vorhandene Rauheit dieser ebenen Oberfläche setzt sich zu einem kleinen Anteil aus CMP-Bearbeitungsspuren wie Kratzern und zu einem großen Anteil aus verschiedenen, auf der Oberfläche anhaftenden Partikeln, zusammen. Anhand der am AFM aufgenommenen Rq-Werte konnten die dazu korrespondierenden Grenzfrequenzen im niederfrequenten Bereich der entsprechenden PSD-Kurven bestimmt werden. Die daraus berechneten Rq-Werte waren den aus den AFM-

(a)   (b)

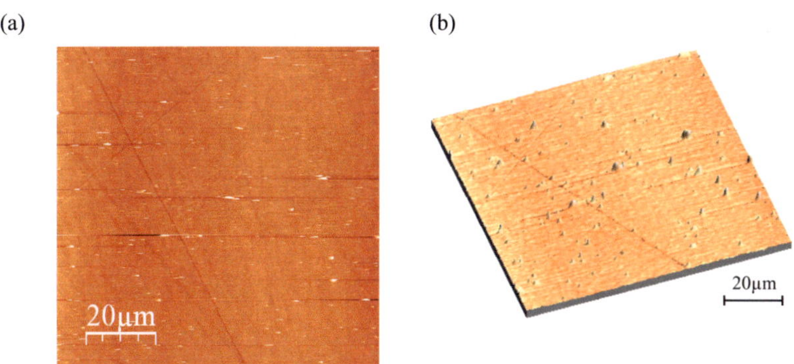

Abb. 4-16: AFM-Topographieaufnahme einer als ideal eben definierten galvanisch abgeschiedenen und durch das CMP bearbeiteten Nickelschicht in der Kontrast- (a)
sowie 3D-Darstellung (b)

Messungen ermittelten Rq-Werten im Rahmen der Messpunktdichte gleich. So betrug der aus der PSD-Kurve errechnete Rq-Wert für die in Abb. 4-16 dargestellte Oberfläche 4,93 nm, der am AFM gemessene Wert lag bei 5,47 nm.

Bei allen AFM-PSD-Vergleichsmessungen zeigte sich, dass die jeweilige korrespondierende Grenzfrequenz variierte und es nicht eine allgemeingültige Ortsfrequenz gab, die Form und Rauheit voneinander trennt. Bei der Ermittlung der Rq-Werte aus den PSD-Kurven fiel auf, dass unabhängig von der variierenden Grenzfrequenz die dazugehörige y-Koordinate auf der PSD-Achse konstant bei einem Wert von $2 \cdot 10^{-4}$ μm^3 blieb. Die Grenzfrequenz kann somit aus einem allgemeingültigen PSD-Wert auf der y-Achse ermittelt werden.

Die Vorgehensweise zur Bestimmung der Grenzfrequenz, die Form und Rauheit voneinander trennt, ist in Abb. 4-17 an zwei PSD-Kurven mit unterschiedlichen Form- und Rauheitsanteilen veranschaulicht. In die PSD-Kurve wird eine zur x-Achse parallele Gerade, die die y-Achse bei $2 \cdot 10^{-4}$ μm^3 schneidet, gelegt. Diese Gerade trennt das Diagramm in zwei Bereich: alle Messpunkte der jeweiligen PSD-Kurve, die oberhalb dieser Geraden liegen, können der Formabweichung und alle Messpunkte die sich unterhalb dieser Gerade befinden können den Rauheiten der Oberflächen zugeordnet werden. Für die dargestellten PSD-Kurven bedeutet das, dass der Anteil der Formabweichung der roten Kurve größer ist als der Anteil der Formabweichung der schwarzen Kurve. Die Schnittpunkte dieser Geraden mit den PSD-Kurven ergeben die Grenzfrequenzen der jeweiligen PSD-Kurve. Somit liegt die mit a bezeichnete

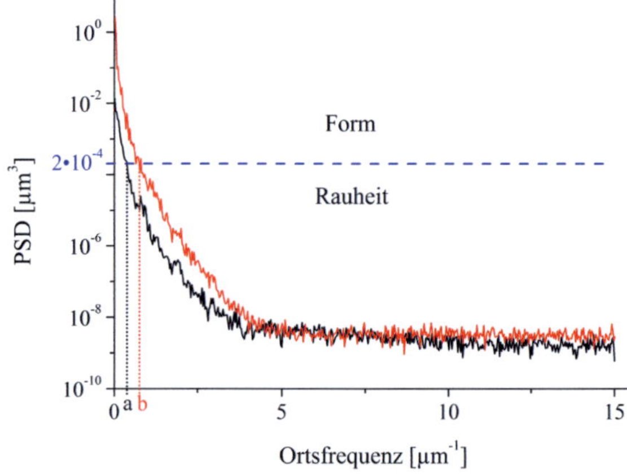

Abb. 4-17: Trennung von Form und Rauheit mit Hilfe des Schnittpunktes der PSD-Kurve mit einer Geraden durch den y-Wert $2 \cdot 10^{-4}$ μm^3

Grenzfrequenz der schwarzen PSD-Kurve bei 0,38 μm^{-1} die der mit b bezeichneten roten Kurve bei 0,75 μm^{-1}.

Diese Vorgehensweise wurde an allen im Rahmen dieser Arbeit vermessenen Oberflächen durchgeführt, um die jeweiligen Grenzfrequenzen zu bestimmen. Um die Rq-Wert untereinander vergleichen zu können, müssen sie aus dem gleichen Frequenzbereich berechnet werden. Dieser ergab sich zur einen Seite hin aus der Grenzfrequenz mit dem größten Wert und, zur anderen Seite hin, aus der maximal möglichen Ortsfrequenz, begrenzt durch die Anzahl der Messpunkte. Alle in dieser Arbeit dargestellten PSD-Kurven in den folgenden Kapiteln wurden zwischen den Ortsfrequenzen 1,42 μm^{-1} und 15 μm^{-1} berechnet.

5 Experimentelles

In dem folgenden Kapitel werden die Herstellung und Charakterisierung der für diese Arbeit verwendeten Mikrostrukturen detailliert beschrieben. Des Weiteren werden die für die untersuchten Endbearbeitungsverfahren notwendigen Prozessparameter und Elektrolytzusammensetzungen dargestellt.

5.1 Herstellung der Mikrostrukturen

In dieser Arbeit wurden drei Verfahren zur chemischen bzw. elektrochemischen Endbearbeitung von Mikrostrukturen untersucht. Die Mikrostrukturen, die für diese Untersuchungen notwendig waren, wurden in Anlehnung an das LIGA-Verfahren [Bec1986] hergestellt. Als Substrat diente ein einseitig mit 2,5 µm Titan beschichteter Siliziumwafer mit einem Durchmesser von 100 mm. In einer wässrigen Lösung wurde auf der Titanoberfläche eine leitfähige Titanoxid-Schicht (TiO_x) erzeugt[1]. Auf diese TiO_x-Schicht wurde ein Polymethylmetacrylat (PMMA)-Plättchen maschinell aufgeklebt[2]. Der verwendete Kleber bestand ebenfalls aus PMMA. Die Strukturierung des PMMA durch Röntgentiefenlithographie mit Synchrotronstrahlung wurde an der Litho2-Beamline der Synchrotronstrahlungsquelle ANKA mit einer entsprechenden Arbeitsmaske durchgeführt. Der mit Nickel beschichtete Siliziumspiegel der Beamline war auf einen Einfallswinkel von 4,85 mrad eingestellt, um das hochenergetische Spektrum heraus zu filtern. Die für den PMMA-Grund eingestellte Grenzdosis lag bei 3,5 kJ/cm³. Belichtet wurde das PMMA durch ebenfalls röntgenlithographisch hergestellte Arbeitsmasken mit röntgenoptisch dichten Goldabsorbern [Ach2000; Men2005].

Zwei verschiedene Layouts wurden für diese Arbeit verwendet:

---

[1] Lösung bestehend aus 2,0 Gew.-% Natriumhydroxid, 2,2 Gew.-% Wasserstoffperoxid (30 %ig); T = 65°; t = 1,5 min
[2] Abmessungen PMMA Plättchen: 75 mm x 30 mm; Dicken zwischen 100 µm und 400 µm

- Mikroprüfkörper: für die Materialcharakterisierung von Mikrostrukturen entwickeltes Layout mit unterschiedlichen nummerierten Mikroprüfkörpergeometrien [Akt2005; Sch2009].

Die Stegbreiten der Strukturen lagen zwischen 50 und 400 µm (Abb. 5-1). Die Dicke des verwendeten Resists betrug 300 bis 400 µm, die Höhe der abgeschiedenen Ni-Schicht lag bei 120 µm. Untersucht wurde das Potential chemischer und elektrochemischer Methoden zur Verringerung der Rauheit sowie zur Einebnung der Nickelhöhen. Durch die sich wiederholenden Strukturgeometrien konnten mögliche Abhängigkeiten der verschiedenen Methoden von der Position und der Strukturgröße sichtbar gemacht werden.

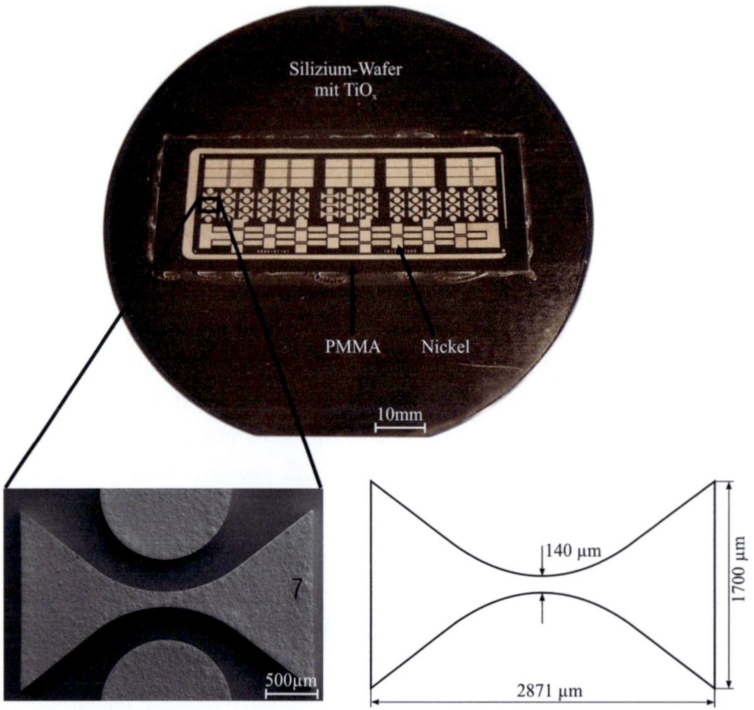

Abb. 5-1: Mikroprüfkörper-Layout mit 72 Prüfkörpern, abgeschieden aus einem Nickel-Elektrolyten. Die Detailaufnahme zeigt einen Mikrozugprüfkörper sowie die dazugehörigen geometrischen Abmessungen

- RF-MEMS (hochfrequentes mikroelektromechanisches System) [Hal2004; Kly2007]: verschiedene Kondensatorgeometrien gefertigt in LIGA-Technik (Abb. 5-2).

Untersucht wurde das Entgraten nach einer mechanischen Bearbeitung des in Abb. 5 -2 detailliert dargestellten Biegezungenkondensators mit Hilfe des Elektropolierens. Die Kondensatorgeometrie wiederholt sich an verschiedenen Positionen im Layout. So konnte auch ein möglicher Einfluss des Entgratens in Abhängigkeit der Position untersucht werden. Die Resistdicken lagen zwischen 100 und 400 µm. Um möglichst große Kapazitäten zu erhalten, wurden die Resist-Strukturen mit Nickel überwachsen (120 bis 480 µm) und anschließend mechanisch und elektrochemisch bearbeitet.

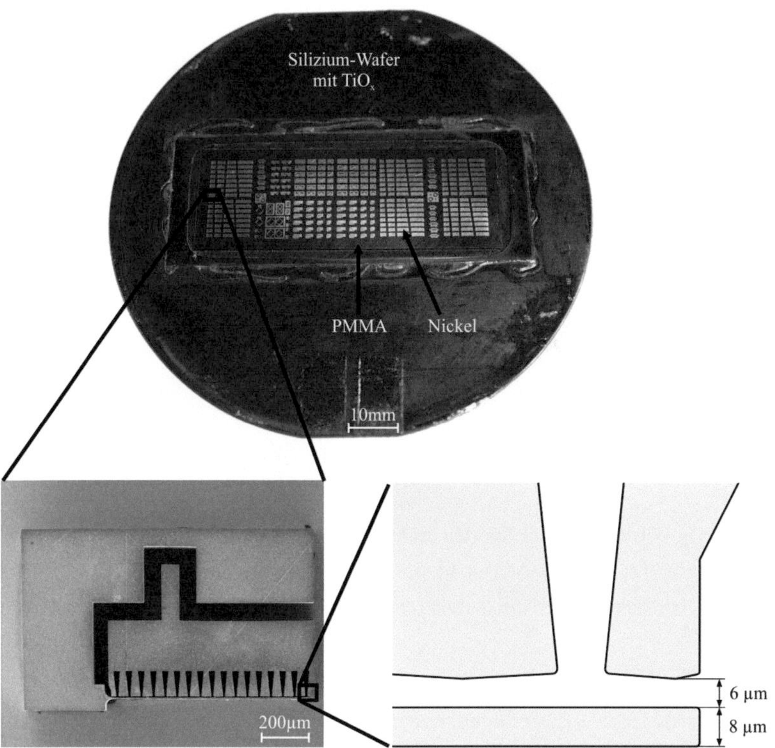

Abb. 5-2: RF-MEMS-Layout mit verschiedenen Kondensatorgeometrien aus einem Nickel-Elektrolyten. Die Detailaufnahme zeigt einen Biegezungenkondensator sowie exemplarisch einige Abmessungen

Die durch die Strahlung chemisch modifizierten PMMA-Bereiche wurden mit den Entwicklern GG und BDG bei Raumtemperatur entwickelt[3]. Die dadurch entstandene PMMA-Struktur wurde in einem nachfolgenden Galvanoformungsschritt mit Nickel auf die gewünschte Höhe aufgefüllt oder überwachsen. Nickel wurde aus einem Nickelsulfamatelektrolyten abgeschieden[4]. Als Anodenmaterial wurden schwefelde-polarisierte Nickelrounds verwendet. Die Elektrolyt-Temperatur betrug 52±1 °C. Der pH-Wert wurde durch regelmäßige Zugabe von Sulfaminsäure zwischen 3,4 und 3,6 eingestellt. Die Stromdichte betrug 1 A/dm².

Die Galvanoformung fand am IMT in zwei unterschiedlichen Anlagentypen statt; einer Hega-Anlage und einer Technotrans mf.100. Die Anlagen unterscheiden sich in ihrem Elektrolytvolumen, ihrer Innenraumgeometrie, der Elektrolytanströmung und der Kathodenbewegung. So werden die Substrate in der Hega-Anlange mit Hilfe einer linearen Warenbewegung bewegt, in der Technotrans-Anlage hingegen rotiert das Substrat mit einer Geschwindigkeit von 60 U/min. Die aus einer Hega-Anlage abgeschiedenen Strukturen zeigen eine gleichmäßig matte Schicht (Abb. 5-3a). Die Oberfläche der aus der Technotrans mf.100 abgeschiedenen Strukturen erscheinen glänzend. Im Bereich der Außenkanten der einzelnen Mikrostrukturen sowie rund um die auf den einzelnen Mikroprüfkörpern enthaltenen Kennzeichnungen herum sind Welligkeiten sichtbar (Abb. 5-3b). Des Weiteren weisen die Schichten, bedingt durch die verschiedenen, anlagenbedingten Abscheidebedingungen und die daraus resultierenden unterschiedlichen Stromdichteverteilungen, veränderte Eigenschaften auf. Die aus der Technotrans mf.100 abgeschiedenen Schichten weisen, aufgrund eines feinkörnigeren Gefüges, eine höhere Härte (440 HV 0,1) als die aus einer Hega-Anlagen abgeschiedenen Schichten (360 HV 0,1) auf. Abbildung 5-3c und d zeigen das jeweils resultierende Gefüge, aufgenommen an einem Focused-Ion-Beam-Mikroskop.

Unabhängig von der Anlage können sich Spalte, bedingt durch das Aufquellen des PMMAs aufgrund der langen Verweildauer im Elektrolyten bei erhöhten Temperatu-ren, bilden. Das Nickel bildet die daraus resultierende Formänderung des PMMAs ab.

---

[3] Zusammensetzung GG: 60 Vol-% Diethylenglycolmonobutylether, 20 Vol-% Morpholin, 15 Vol-% Wasser, 5 Vol-% Ethanolamin; Zusammensetzung BDG: 80 Vol-% Diethylengly-colmonobutylether, 20 Vol-% Wasser

[4] Zusammensetzung Nickelsulfamatelektrolyt: 76 g/l Nickel als Nickelsulfamat-Lösung, 40 g/l Borsäure, 180 mg/l Fluortensid FT248

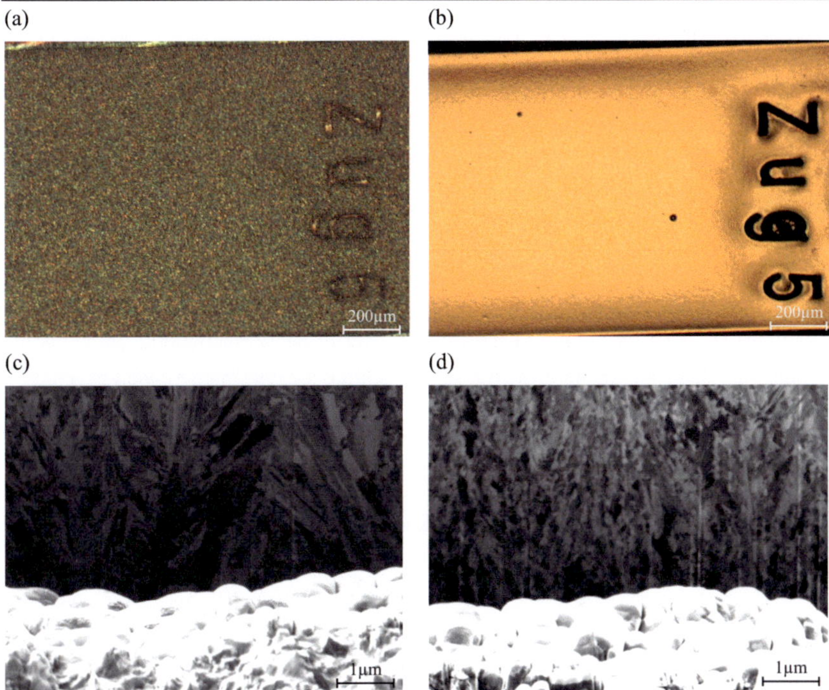

Abb. 5-3: Gegenüberstellung der Nickel-Schichten, abgeschieden aus einer Hega- (a, c) und einer Technotrans-Anlange (b, d); (a) und (b) zeigen die Oberfläche anhand von Mikroskop-Aufnahmen, (c) und (d) zeigen das entsprechende Gefüge anhand einer Focused-Ion-Beam-Mikroskop-Aufnahme

Nach der Entnahme des Substrats aus dem Elektrolyten trocknet das PMMA und schrumpft. Diese Formänderung kann zu Spaltbildungen zwischen den Nickelstrukturen und dem PMMA führen.

Überwuchs das Nickel den Resist, erfolgte zur Einebnung des Nickels eine mechanische Bearbeitung. Das Läppen wurde auf der Läppmaschine Logitech LP50 mit variierender Anpresskraft durchgeführt bis eine einheitliche Höhe, bestimmt mit Hilfe eines Messtasters, über das gesamte Layout erreicht wurde. Eine gusseiserne Läppscheibe mit radialen Riefen sowie das Läppmittel SF1 von Logitech wurden als Verbrauchsmaterialien verwendet.

Wenn es für oder nach der Endbearbeitung notwendig war, wurde das noch vorhandene PMMA in einem weiteren Belichtungsschritt mit Synchrotronstrahlung ohne Maske belichtet und anschließend bei 50 °C in BDG entfernt.

5.2 Charakterisierung der Mikroprüfkörper

Um die Veränderung der Oberfläche der Mikroprüfkörper durch die im Rahmen dieser Arbeit untersuchten Endbearbeitungen zu erfassen, wurden diese sowohl qualitativ als auch quantitativ charakterisiert. Neben der Beschreibung des methodischen Vorgehens werden in diesem Kapitel auch die daraus resultierenden Ergebnisse der Oberflächen der Mikroprüfkörper nach der galvanischen Abscheidung dargestellt. Diese charakterisierten Oberflächen dienen den durch die jeweiligen Endbearbeitungen erhaltenen Oberflächen in den Kapitel 6 bis 8 als Referenz.

In Abhängigkeit der galvanischen Abscheidung wurde zwischen den Abscheidezuständen Hega und Technotrans unterschieden. Hega bezeichnet die Abscheidung der Mikroprüfkörper aus einer Hega-Anlage, Technotrans beschreibt analog die Abscheidung aus der Technotrans-Anlage.

5.2.1 Mikroskopische Betrachtung

Die qualitative Charakterisierung der Oberfläche erfolgte mit Hilfe der Messmikroskope Leica INM 20 und Leitz Ergolux 200 bei verschiedenen Abbildungsmaßstäben. Neben einem ersten optischen Vergleich der Oberflächen erfolgten detaillierte Aufnahmen der Mikroprüfkörper, sowohl der Oberflächen als auch der Kanten und Seitenwände an einem Rasterelektronenmikroskop (REM). Die hierfür verwendeten Geräte waren das Jeol JSM 6600 und das Zeiss Supra 60 VP.

Bedingt durch das Schichtwachstum während der galvanischen Abscheidung weisen die Oberflächen der Strukturen nach der Galvanoformung eine inhomogene Topographie auf (Abb. 5-4). Die Oberflächen der Hega-Strukturen wirken durch die großen Nickelerhebungen sowie die spitzen Nickelkristallite wellig und rau (Abb. 5-4a und b), während die Oberflächen der Technotrans-Strukturen ebener und durch das runde Wachstum der Nickelkristallite glatter wirken (Abb. 5-4c und d). Die Kanten, sowohl zur Oberfläche hin als auch zum Substratgrund, sind deutlich rechtwinkelig ausgeprägt. Die Seitenwände bilden den Resist, und somit auch mögli-

(a)   (b)

(c)   (d)

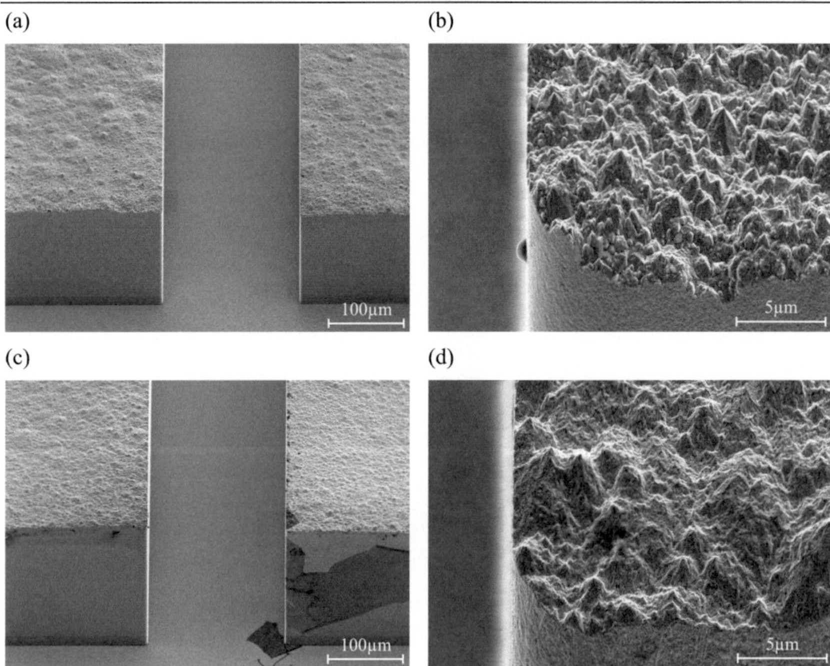

Abb. 5-4: REM-Aufnahmen an zwei unterschiedlichen Mikroprüfkörpern nach der galvanischen Abscheidung (Referenzzustand) aus der Hega-Anlage (a, b) und aus der
Technotrans-Anlage (c, d); die Aufnahmen wurden unter einem Kippwinkel von
50° aufgenommen

che Fehler, detailliert ab. So können die Verfärbungen im unteren Bereich der
Seitenwände der PMMA-Klebeschicht (Abb. 5-4a und c) und die Ausbeulung an der
Seitenwand in Abb. 5-4b einer Pore im PMMA-Plättchen zugeordnet werden. Die in
Abb. 5-4c zu erkennenden großflächigen Verfärbungen an der Seitenwand sind
Veränderungen, die hier nicht näher betrachtet wurden.

5.2.2 Untersuchung der globalen Planarität

Ebenfalls mit Hilfe der Messmikroskope Leica INM 20 und Leitz Ergolux 200
wurden die abgeschiedenen Nickelhöhen der Mikroprüfkörper mit Hilfe eines
Höhentasters bei einem Abbildungsmaßstab von 40:1 ermittelt. Die Positionen der
Messpunkte sind in Abb. 5-5 dargestellt. Die Differenz des minimalen zu dem maxi-

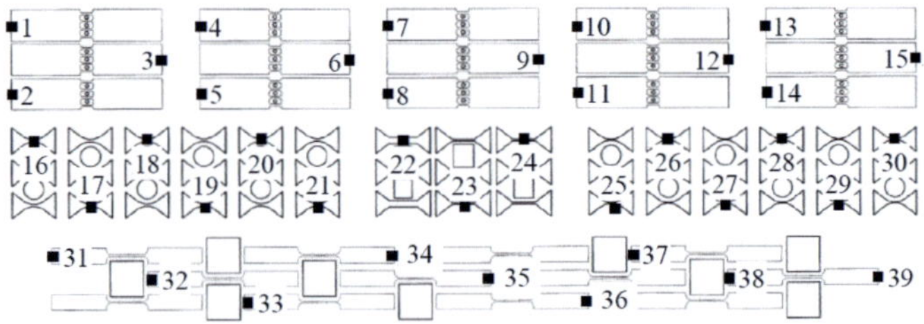

Abb. 5-5: Darstellung der Messpunkte für die Höhenmessungen im Mikroprüfkörper-Layout

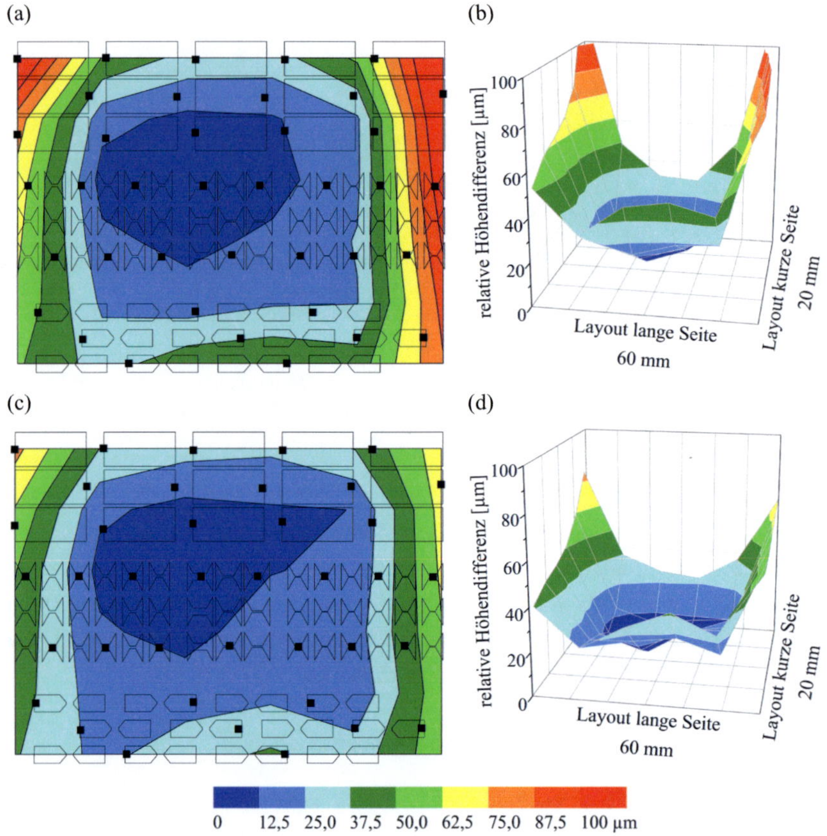

Abb. 5-6: Darstellung der globalen Planarität nach der galvanischen Abscheidung (Referenzzustand) als Kontur- (a, c) sowie als 3-D Oberflächendiagramm (b, d) in den Abscheidezuständen Hega (a, b) und Technotrans (c, d)

mal gemessenen Höhenwert über das gesamte Layout ergab sich zur globalen Planarität, die als Maß für die Einebnung verstanden wird.

Abbildung 5-6 stellt die Verteilung der Nickelhöhen der Abscheidezustände Hega und Technotrans nach der galvanischen Abscheidung jeweils an einem Konturdiagramm (Abb. 5-6a und c) und an einem 3-D Oberflächendiagramm (Abb. 5-6b und d) dar. Zur besseren Orientierung wurde dem Konturdiagramm ein vereinfachtes Mikroprüfkörper-Layout als Liniendiagramm sowie die 39 Höhenmesspunkte als schwarze Quadrate überlagert.

Die inhomogene Stromdichteverteilung bei der galvanischen Abscheidung resultiert in einem ungleichmäßigen Wachstum der Nickelschicht. Über das gesamte Layout führt das von der Mitte bis zum Rand hin zu größer werdenden Nickelhöhen. Bei identischer Elektrolytzusammensetzung und gleichbleibenden Abscheideparametern variiert die Ausprägung dieser globalen Planarität vorrangig in Abhängigkeit der Kathodenbewegung. Neben dem Einfluss der jeweiligen Zellanordnung resultiert die lineare Kathodenbewegung der Hega-Anlage in einer globalen Planarität von 120 µm, die rotierende Kathodenbewegung der Technotrans-Anlage führt zu einer globalen Planarität von 76 µm.

5.2.3 Entwicklung der Rauheiten

Um verschiedene Einflussfaktoren hinsichtlich der Rauheitsentwicklung im Mikroprüfkörper-Layout zu untersuchen, wurden vier verschiedene Messpunkte auf dem Layout bestimmt und ausgewertet (Abb. 5-7). Die Positionsabhängigkeit wurde

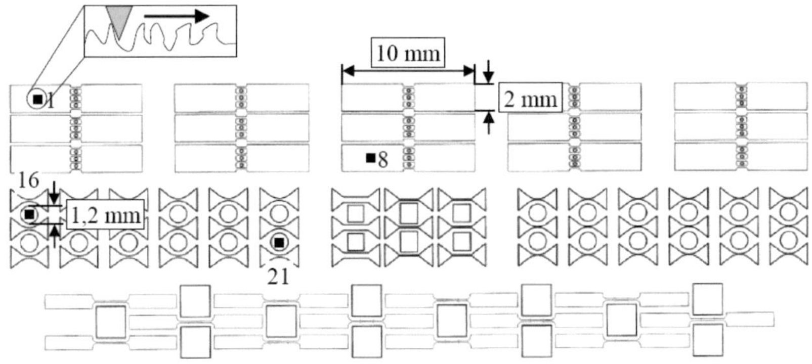

Abb. 5-7: Messpunkte für die Rauheitsmessung im Mikroprüfkörper-Layout

Tab. 5-1: Parameter der Rauheitsmessungen am Dektak V220-Si

Messlänge	1000 µm
Scan-Geschwindigkeit	10 µm/s
Tastspitzenradius	0,2 µm
Auflagegewicht	0,5 mg

jeweils an zwei identischen Strukturen, Messpunkte 1 und 8 sowie Messpunkte 16 und 21, mit unterschiedlicher Position im Layout untersucht. Der Einfluss der Größe der Mikrostruktur auf die Rauheit, bei gleichbleibender Messstrecke, wurde mit der Gegenüberstellung der Messpunkte 1 und 8 zu den Messpunkten 16 und 21 erreicht. Auch der Einfluss der Abscheidezustände auf die Rauheit wurde untersucht.

Zur Charakterisierung wurden Oberflächenprofile mit Hilfe eines Tastschnittgeräts aufgenommen. Daraus wurden die Pa-Werte (Kapitel 4.2) aus dem Primärprofil und die Rq-Werte aus den Kurven der spektralen Leistungsdichte (Kapitel 4.2.3) ermittelt. Das Tastschnittgerät war das Dektak V220-Si. Die Messparameter können Tab. 5-1 entnommen werden. Pro Messpunkt erfolgten jeweils drei Linienscan. Die Richtung des Linienscans, von links nach rechts, ist in Abb. 5-7 dargestellt.

Abbildung 5-8 zeigt eine Gegenüberstellung der gemessenen Pa-Werte an den vier Messpunkten nach der galvanischen Abscheidung aus einer Hega- und einer Technotrans-Anlage. Die Größe des Pa-Werts, in Abhängigkeit der Position der Strukturen im Layout, hängt von dem Verhältnis der Messlänge zur Strukturgröße ab.

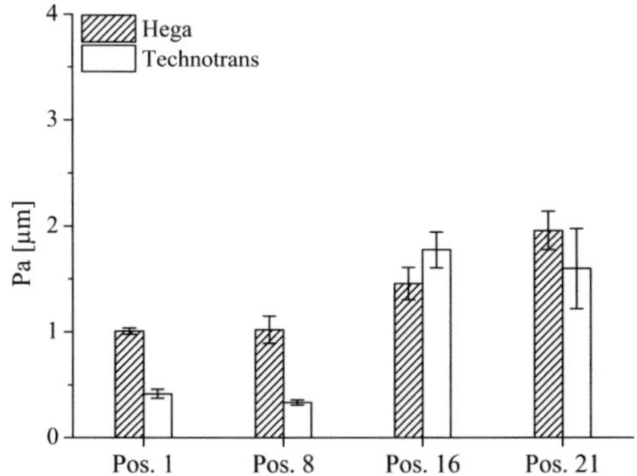

Abb. 5-8: Abhängigkeit des Pa-Werts von der Position der Strukturen im Layout, der Größe der Mikrostrukturen und des Abscheidezustandes nach der galvanischen Nickel-Abscheidung

Entspricht die Strukturgröße dem Fünffachen der Messlänge, wie es bei den Positionen 1 und 8 der Fall ist, ergibt sich keine Abhängigkeit des Pa-Werts von der Lage der Strukturen im Layout. Ist die Strukturgröße nahezu gleich der Messlänge, wie bei den Positionen 16 und 21, ist eine Abhängigkeit des Pa-Werts von der Position im Layout zu erkennen. Je nach Abscheidezustand ergibt sich ein erhöhter Pa-Wert am Rand (Technotrans) bzw. in der Mitte (Hega) des Layouts. Auch die Abhängigkeit des Pa-Werts von der Größe der Mikrostrukturen beruht auf dem oben genannten Verhältnis. Der Pa-Wert ist umso größer, je geringer das Verhältnis von Messlänge zu Strukturgröße ist. Daraus resultiert ein um bis zu doppelt so großer Pa-Wert an den Positionen 16 und 21, verglichen mit den Positionen 1 und 8. Der Grund für die große Abhängigkeit des Pa-Werts von dem Verhältnis der Messlänge zur Strukturgröße liegt in dem immer größer werdenden Einfluss der Formabweichung (Abb. 5-9a) bei geringer werdendem Verhältnis von Messlänge zu Strukturgröße. Ursache der Formabweichung ist das ungleichmäßige Wachstum der Nickelschicht innerhalb der Strukturen.

Mit Hilfe der spektralen Leistungsdichte (PSD) können Rq-Werte, unabhängig von Formeinflüssen und dadurch auch an unterschiedlich großen Mikrostrukturen vergleichbar, ermittelt werden. Abbildung 5-9 zeigt exemplarisch, aufgenommene und jeweils mit einer Ausgleichgeraden subtrahierte Oberflächenprofile sowie die dazugehörigen PSD-Kurven. Dargestellt sind Profile der Messpunkte 1 und 21 aus dem Abscheidezustand Technotrans. Beide Oberflächen erscheinen stark zerklüftet und rau, die an Position 21 zu erwartende Formabweichung in Gestalt einer

(a) (b)

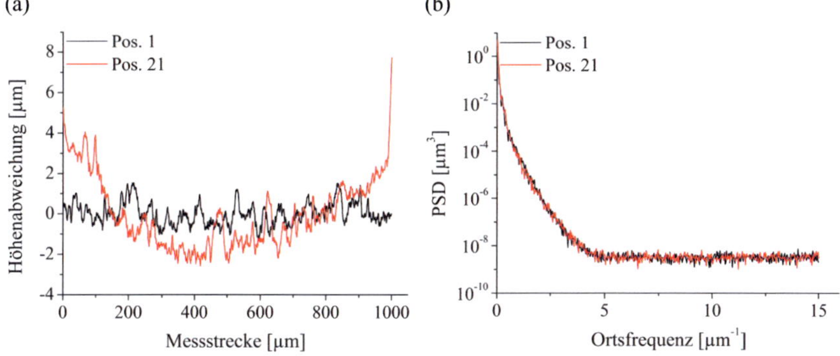

Abb. 5-9: Darstellung der Oberflächenprofile (a) und der daraus resultierenden PSD-Kurven (b) an den Positionen 1 und 21 nach der galvanischen Nickel-Abscheidung aus einer Technotrans-Anlage (Referenzzustand)

Krümmung ist vorhanden (Abb. 5-9a). Die in Abb. 5-9b dargestellten PSD-Kurven der beiden Positionen sind nahezu deckungsgleich. Lediglich die Schnittpunkte der Kurve mit der y-Achse variieren aufgrund der Oberflächenkrümmung von Position 21. So liegt der Schnittpunkt für Position 1 bei 2,5 μm^3, für Position 21 bei 4,8 μm^3.

Für die Vergleichbarkeit der Rauheitswerte untereinander wurden die Rq-Werte zwischen den Ortsfrequenzen 1,42 und 15 μm^{-1} errechnet. Die in Abb. 5-10 dargestellte Gegenüberstellung der aus den PSD-Kurven errechneten Rq-Werte an den vier Messpunkten mit unterschiedlichen Abscheidezuständen zeigt ein deutlich verändertes Bild im Vergleich zu den in Abb. 5-8 dargestellten Pa-Werten. Die Skala der Rauheitswerte zwischen den oben genannten Frequenzen liegt im unteren nm-Bereich. Weder ein Einfluss in Abhängigkeit der Position der Strukturen im Layout noch der Größe der Mikrostrukturen, noch des Abscheidezustands auf den Rq-Wert kann erkannt werden.

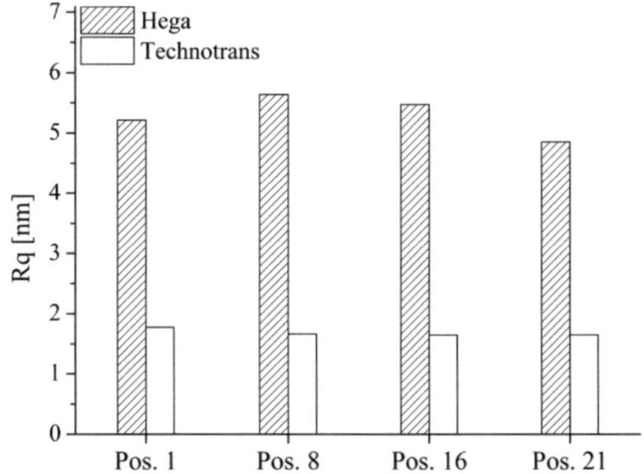

Abb. 5-10: Darstellung der Rq-Werte nach der galvanischen Nickel-Abscheidung, errechnet aus den PSD-Kurven zwischen den Ortsfrequenzen 1,42 μm^{-1} und 15 μm^{-1}, in Abhängigkeit der Position im Layout, der Größe der Mikrostruktur und des Abscheidezustandes

5.3   Charakterisierung der RF-MEMS

Untersucht wurde hier nicht wie bei den Mikroprüfkörpern der Einfluss unterschiedlicher Endbearbeitungen auf eine galvanisch abgeschiedene Nickel-Oberfläche, sondern das Entgraten nach einer mechanischen Bearbeitung (Läppen) durch das Elektropolieren. Der Hintergrund liegt in dem Erhalt der Funktionalität der RF-MEMS[5] durch das Entfernen der Grate. Die für galvanische Abscheidungen typische Variation der Metallhöhe, sowohl von Mikrostruktur zu Mikrostruktur als auch innerhalb einer Struktur, führt bei RF-MEMS-Strukturen in der späteren Anwendung zu nicht erwünschten Veränderungen der funktionellen Eigenschaften. Um die Höhen anzugleichen werden die in Resist eingebetteten Strukturen auf dem Silizium-Substrat nach der galvanischen Abscheidung geläppt (Parameter siehe Kapitel 5.1). Durch diese mechanische Bearbeitung entstehen Grate, die zu einer Ausdehnung der ursprünglichen Strukturkanten führen. Liegen einzelne Strukturbestandteile nur wenige Mikrometer auseinander, kann die Gratbildung zu einem Zusammenschluss der Strukturen und dadurch zu einem Verlust der Funktionalität führen (Abb. 5-11). Durch das Elektropolieren sollen die Grate entfernt und so die Funktionalität wiederhergestellt werden.

Die Charakterisierung der Oberfläche nach der galvanischen Abscheidung, nach dem Läppen und nach dem Elektropolieren erfolgte mit Hilfe der Messmikroskope Leica INM 20 und Leitz Ergolux 200 bei verschiedenen Abbildungsmaßstäben. Die durch das Läppen der RF-MEMS entstandenen Grate wurden mit Hilfe der Software *analysis* von Olympus quantifiziert. Als Maß für die Gratentwicklung wurde die Breite der Biegezunge des in Abb. 5-2 detailliert dargestellten Biegezungenkondensators verwendet. Sie wurde nach jedem Fertigungsschritt (Strukturierung, Galvanoformung, Läppen, Elektropolieren) entweder an den Messmikroskopen oder am REM vermessen. Weitere detaillierte Aufnahmen der RF-MEMS, sowohl der Oberflächen als auch der Kanten und Seitenwände, lieferten Rasterelektronenmikroskop (REM)-Aufnahmen. Die hierfür verwendeten Geräte waren das Jeol JSM 6600 und das Zeiss Supra 60 VP.

Abbildung 5-11 zeigt in Ausschnitten einen Biegezungen-Kondensator nach dem Läppen. Die ursprüngliche Form ist an der Oberfläche nicht mehr vorhanden, eine

---

[5] In Kollaboration mit der Gruppe von Prof. David Klymyshyn von der University of Saskatchewan, Kanada

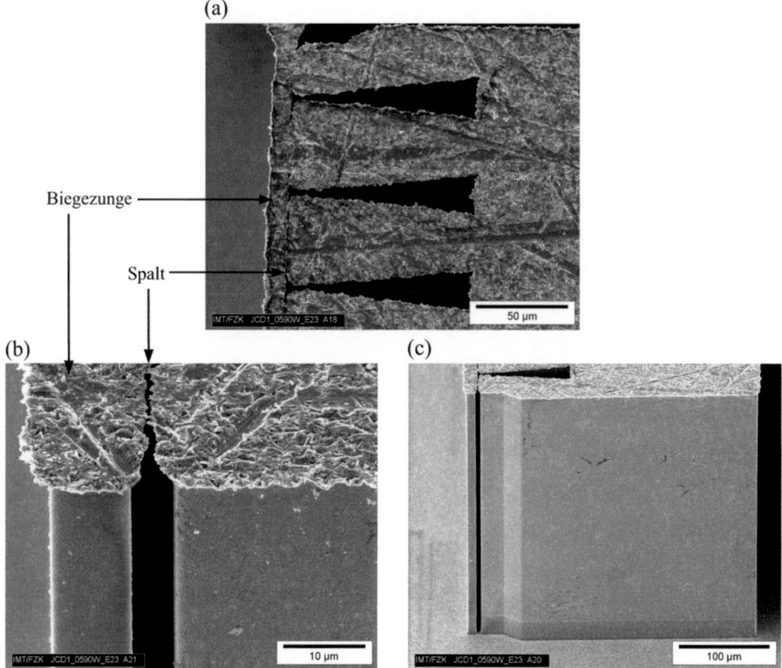

Abb. 5-11: Ausschnitt eines Nickel-Biegezungenkondensators der in der Mitte des Layouts positioniert ist (Position 2) in der Draufsicht (a) und unter einem Winkel von 45° (b, c) nach dem Läppen mit deutlicher Gratentwicklung an den Kanten

Gratbildung ist an allen Kanten deutlich zu erkennen. Auch der 6 µm breite Spalt zwischen der Biegezunge und den Fingerstrukturen wurde durch das Läppen bis auf nahezu 0 µm verringert. Die durch das Läppen eingeebnete Oberfläche ist rau. Bearbeitungsspuren wie Riefen und Kratzer sind deutlich zu erkennen.

Allgemein konnte festgestellt werden, dass die Ausbildung der Grate von der Durchbiegung des Substrats und dem Anpressdruck der mechanischen Bearbeitung abhängig ist. In diesem Fall waren die Grate aufgrund der konvexen Durchbiegung des Wafers umso ausgeprägter, je zentraler die Struktur im Layout positioniert war. Eine Abhängigkeit der Gratbildung vom Layout konnte nicht erkannt werden.

Des Weiteren führten die beim Läppen auftretenden Kräfte vereinzelt zu Ablösungen der Biegezungen vom Substratgrund. Dies trat vor allem an Strukturen auf, die sich an den Ecken des Layouts befanden und ein hohes Aspektverhältnis aufwiesen.

5.4 Chemisch-mechanisches Planarisieren

Eine Voraussetzung für die erfolgreiche Bearbeitung von Oberflächen durch das chemisch-mechanische Planarisieren (CMP) ist die rotationssymmetrische Anordnung der zu bearbeitenden Oberflächen auf dem Substrat. Bedingt durch die fehlende Rotationssymmetrie des hier verwendeten Mikroprüfkörper-Layouts wurden Stützflächen aus PMMA ober- und unterhalb des Layouts aufgeklebt (Abb. 5-12). Die so erhaltene Rotationssymmetrie stabilisierte das Substrat gegen ein seitliches Verkippen während des Planarisierens.

Die 400 µm hohen Stützflächen wurden im selben Bearbeitungsschritt wie das 100 µm hohen PMMA-Layout-Plättchen aufgeklebt. Das Plättchen wurde mit den in Kapitel 5.1 angegebenen Parametern strukturiert, entwickelt und in einem weiteren Bearbeitungsschritt mit Nickel galvanisch aufgefüllt, bis das Nickel das PMMA überragte. Die Galvanoformung erfolgte entweder in einer Hega- oder einer

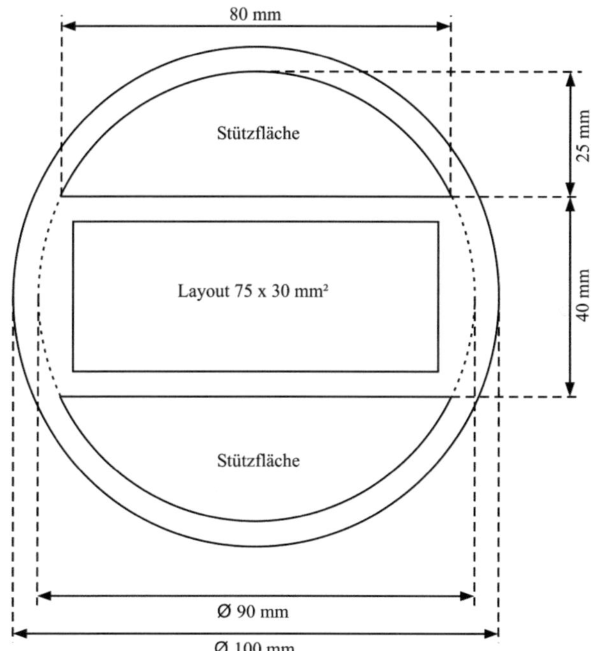

Abb. 5-12: Schematische Darstellung der Anordnung der PMMA-Stützflächen auf dem Substrat

Technotrans-Anlage. Die Höhen der Nickelstrukturen wurden vermessen, so dass die Stützflächen auf die größte gemessene Nickelhöhe abgefräst werden konnten.

Die Wafer wurden am Institut für Mikroproduktionstechnik (imt) der Leibniz-Universität Hannover [imt2010] auf einer CMP-Maschine vom Typ P. Wolters 3R4 chemisch-mechanisch planarisiert.

Die Substrate wurden mit dem von Rohm & Haas für das CMP von Wolfram-schichten kommerziell vertriebenem Polierpad IC1000 und der Poliersuspension MSW1500[6] planarisiert. Die Bearbeitungsdauer lag zwischen 12 und 14 Stunden, die Anpresskraft des Wafers auf das Poliertuch wurde zwischen 10 und 40 N variiert. Nach der Bearbeitung wurde die Oberfläche zur Reinigung mit der Tensid-Lösung Vector HTR von Intersurface Dynamics gespült (Mischungsverhältnis von 100:1 mit destilliertem Wasser).

5.5 Plasmapolieren

Die für das Plasmapolieren notwendigen 120 μm hohen Nickel-Mikroprüfkörper wurden entweder in einer Hega- oder einer Technotrans-Anlage galvanogeformt. Um, bedingt durch die erhöhten Temperaturen bei der Plasmapolitur, ein Fließen des Resists und daraus resultierend eine Verunreinigung des Plasmapolierelektrolyten zu verhindern, wurde der Resist vor dem Plasmapolieren entfernt. Die Mikrostrukturen wurden also freistehend, ohne Resist, plasmapoliert.

Die Plasmapolitur erfolgte am Beckmann-Institut für Technologieentwicklung e. V. in Oelsnitz/Erzgebirge [Bec2010].

Zur Stabilisierung der Wafer während der Bearbeitung wurden diese mit ihrer Unterseite auf eine quadratische Edelstahlplatte (Kantenlänge 100 mm) gelegt. Die Kontaktierung erfolgte mit Hilfe von zwei fingerähnlichen Edelstahlklammern (Abb. 5-13a) entweder direkt auf der TiO_x-Schicht der Vorderseite der Substrate oder über ein dünnes, auf das jeweilige Maß zugeschnittene, Edelstahlblech (Abb. 5-13b).

Ohne weitere Vorbehandlung wurden die Substrate entweder in einem Ofen oder direkt in dem auf 80 °C aufgeheizten Elektrolyten erwärmt. Anschließend wurden sie

---

[6] Lösung mit einem pH-Wert von 4,1 und einem Aluminiumoxid-Partikel-Anteil von 6,9 Gew.-% und einem mittleren Partikeldurchmesser von 225 nm

(a)   (b)

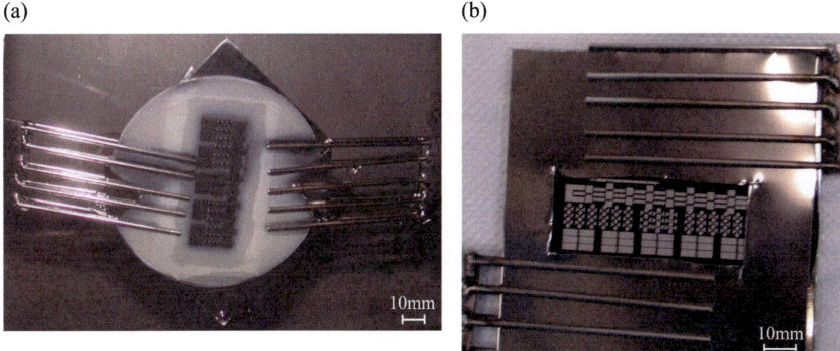

Abb. 5-13: Kontaktierung und Halterung der galvanogeformte Nickel-Mikroprüfkörper beim Plasmapolieren direkt auf das TiO_x (a) sowie mit Hilfe einer Edelstahlblende (b); die Substrate wurden in zwei verschiedenen Orientierungen, kurze Seite des Layouts unten (a) bzw. lange Seite unten (b), bearbeitet [Bec2010]

als Anode gepolt und einzeln unter einer Spannung von 310 V langsam in den Elektrolyten getaucht. Abbildung 5-14 zeigt ein Schema der verwendeten Anlage.

Die Orientierung des Layouts im Elektrolyten variierte von Probe zu Probe (Abb. 5-13). Der Elektrolyt mit einem pH-Wert von ~ 6 und einer Leitfähigkeit von 135 mS/cm² bestand zu 96 % aus Leitungswasser und zu 4 % aus anorganischen Salzen [Ung2009]. Um mögliche Einflüsse der sich durch das Plasmapolieren ausbildenden Konvektion aufzuzeigen, wurde in zwei unterschiedlichen Elektrolytbehältern plasmapoliert. Zum einen wurde ein zylinderförmiger Behälter mit einem

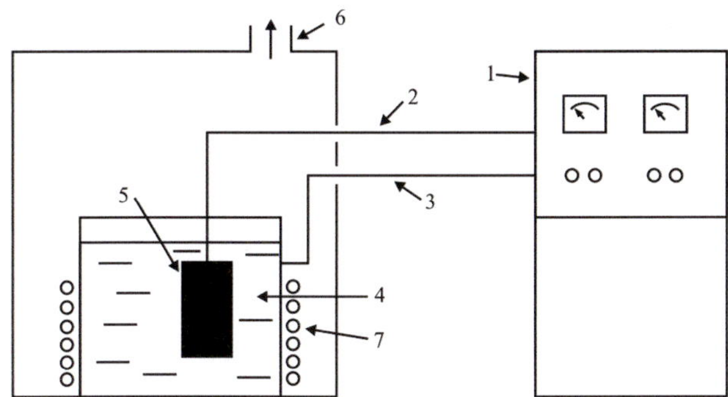

Abb. 5-14: Schematische Darstellung der verwendeten Plasmapolier-Anlage (in Anlehnung an [Yer1999]); (1) Spannungsquelle, (2) Kontaktierung Anode (Substrat), (3) Kontaktierung Kathode (Elektrolytbehälter), (4) Elektrolyt, (5) Substrat, (6) Absaugung, (7) Heizung/Kühlung

Durchmesser von 270 mm, einer Höhe von 340 mm und daraus resultierend einem Volumen von 20 l verwendet, zum anderen ein quadratischer Behälter mit einer Seitenlänge von 400 mm, einer Höhe von 625 mm und einem Volumen von 100 l. Die Bearbeitungsdauer der einzelnen Substrate lag zwischen 60 s und 9 min. In unregelmäßigen Abständen wurde der Prozess unterbrochen, um den Bearbeitungsfortschritt beurteilen zu können. Erschien eine Oberfläche als ausreichend bearbeitet, wurde der Prozess abgebrochen und das Substrat mit Leitungswasser gereinigt und anschließend mit Druckluft getrocknet.

5.6 Elektropolieren

Sowohl Mikroprüfkörper (Resistdicken 300 bis 400 µm, Nickelhöhe 120 µm), galvanogeformt entweder aus einer Hega- oder einer Technotrans-Anlage, als auch RF-MEMS-Strukturen (Resistdicke 100 bis 400 µm, Nickel übergalvanisiert) wurden am IMT wahlweise mit und ohne verbleibendem PMMA-Resist elektropoliert.

Unterschiedliche Elektrolytzusammensetzungen, entnommen aus der Literatur [Det1964; Shi1974; Teg1959], wurden unter anderem mit der in Buhlert [Buh2009] beschriebenen Methodik in der Hull-Zelle an galvanisch abgeschiedenen Nickelschichten getestet. Daraus resultierten zwei verschiedene, resistkompatible Elektrolyte. Nickel-Mikroprüfkörper wurden in einem Elektrolyten, bestehend aus 60 Vol.-% konz. Schwefelsäure, 40 Vol.-% Wasser und 30 g/l Nickelsulfat-Hexahydrat, bei einer Stromdichte von 19,5 A/dm² für eine Dauer von 4 min bei Raumtemperatur elektropoliert. RF-MEMS-Strukturen wurden in einem Elektrolyten, bestehend aus 60 Vol.-% konz. Phosphorsäure, 20 Vol.-% konz. Schwefelsäure und 20 Vol.-% Wasser, bei einer Stromdichte von 80 A/dm² für eine Dauer von maximal 15 s bei einer Elektrolyttemperatur von 60 °C elektropoliert, um Grate nach einer mechanischen Bearbeitung zu entfernen.

Die Substrate wurden einzeln in eine Halterung aus PMMA eingeklebt. Die Kontaktierung erfolgte mit Hilfe eines Kupferklebebandes über die TiO$_x$-Schicht. Alle leitfähigen Bereiche rund um das Layout herum wurden mit säurebeständigem Klebeband maskiert (Abb. 5-15). Anschließend wurden Substrat und Halterung mit Isopropanol und Wasser gereinigt und mit Stickstoff getrocknet. Dann wurden Substrat und Halterung für 30 s bis 4 min stromlos in den Elektrolyten getaucht, bevor der Elektropolierprozess gestartet wurde. Nach dem Elektropolieren wurden Substrat

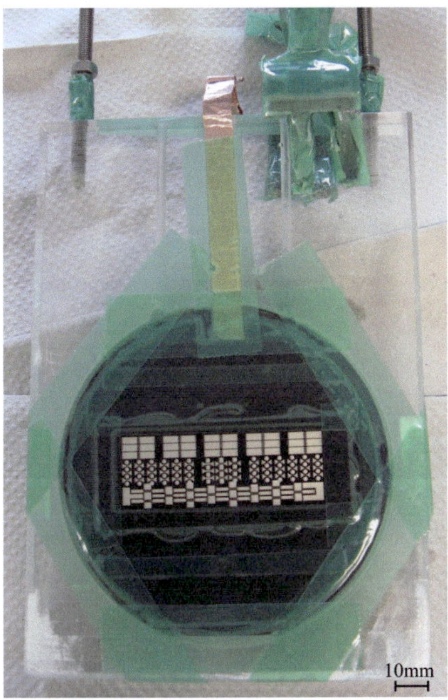

Abb. 5-15: Für das Elektropolieren verwendete PMMA-Halterung mit eingeklebtem Nickel-Mikroprüfkörper-Substrat, kontaktiert mit Hilfe eines Kupfer-Klebebands und maskiert mit einem säurebeständigem Klebeband

und Halterung in einer auf 60 °C temperierten Wasser-Spülmittel-Lösung 5 min gespült. Nach einem weiteren Spülschritt mit Wasser und Isopropanol wurden die Mikrostrukturen mit Stickstoff getrocknet. Als Kathode wurde ein 110 mm auf 110 mm großes Streckmetall aus platiniertem Titan verwendet. Bei der Elektropolitur von Mikrostrukturen mit dem Ziel der Verringerung der Rauheiten wurde das Streckmetall bis auf einen Bereich von der Größe des LIGA-Fensters (25 mm auf 65 mm) mit säurebeständigem Klebeband maskiert, um eine annähernde Flächengleichheit zwischen Anode und Kathode zu erreichen. So sollte eine gleichmäßige Stromdichteverteilung und daraus resultierend ein gleichmäßiger Abtrag erfolgen. Für das Entgraten der Mikrostrukturen nach einer mechanischen Bearbeitung wurde es 80 mm tief in den Elektrolyten eingetaucht und parallel zu den Mikrostrukturen in einem Abstand zwischen 20 und 100 mm angeordnet.

6 Chemisch-mechanisches Planarisieren von Nickel-Mikroprüfkörpern

In dieser Arbeit wurden erstmals funktionale LIGA-Nickel-Mikrostrukturen, eingebettet in PMMA, mit einer Höhe von mehr als 100 µm chemisch-mechanisch planarisiert. Die erreichten Ergebnisse werden im Folgenden beschrieben[7].

6.1 Mikroskopische Betrachtung

Nach dem CMP der Nickel-Mikroprüfkörper, mit einer Bearbeitungsdauer zwischen 12 und 14 Stunden, erscheinen die Oberflächen gleichmäßig eingeebnet und stark reflektierend (Abb. 6-1). Alle Wafer sind durch die Bearbeitung entweder im Randbereich oder durch das gesamte Substrat gebrochen. Dies lag an der Durchbiegung des Silizium-Substrats, die durch die galvanische Nickelabscheidung aufgrund der dort eingebrachten Spannungen des Nickels verstärkt wurde. Durch das CMP wurde das gesamte Substrat durch den Waferhalter planparallel auf das Polierpad gedrückt, um eine ausreichende Ebenheit zu erreichen. Die entstandenen Bruchstücke setzten sich auf dem Polierpad fest und führten zu Kratzern auf der Oberfläche der Mikrostrukturen.

Grate an den Kanten sind durch das CMP der Hega-Strukturen nicht entstanden (Abb. 6-1a und b). Sowohl der chemische als auch der mechanische Abtrag befanden sich im Gleichgewicht. Der Materialabtrag während des CMPs an den feinkörnigeren und dadurch härteren Technotrans-Strukturen verlief sehr langsam. Daraufhin wurde die Anpresskraft von 10 N auf bis zu 40 N erhöht. Der CMP-Prozess befand sich nicht mehr im Gleichgewicht, der mechanische Abtrag überwog. Daraus resultierte die Bildung massiver Grate. Die ursprüngliche Form der Mikroprüfkörper an der Oberfläche konnte nicht erhalten werden (Abb. 6-1c).

Eine Veränderung der Seitenwände wurde aufgrund des vorhandenen Resists zwischen den Mikrostrukturen sowie der oberflächlichen Bearbeitung des CMP nicht erwartet. Die Abbildungen 6-1a und b zeigen allerdings an den Seitenwänden im oberen Bereich Verfärbungen sowie bis in den unteren Bereich hineinreichende, leicht

---

[7] Die in Kapitel 5.2 für die verschiedenen Abscheidzustände eingeführten Abkürzungen Hega und Technotrans werden auch in diesem und den nachfolgenden Kapiteln weiter verwendet.

(a) (b)

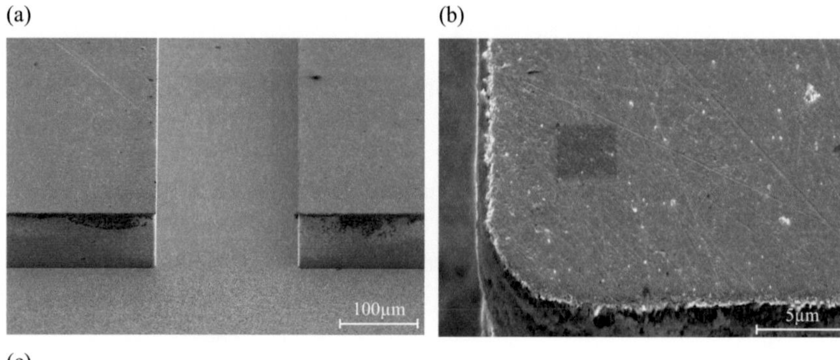

(c)

Abb. 6-1: REM-Aufnahmen der Nickel-Mikroprüfkörper, aufgenommen an zwei unterschiedlichen Positionen unter einem Winkel von 50°, nach dem CMP an den Abscheidzuständen Hega (a, b) und Technotrans (c). REM-Aufnahmen nach der Galvanoformung sind zum Vergleich in Abb. 5-4 dargestellt

aufgeraute Oberflächen. Diese sind möglicherweise durch ein Eindringen der Poliersuspension in den Spalt zwischen Nickel-Strukturen und PMMA und einem daraus resultierenden chemischen Angriff entstanden. Spalte können sich bereits, wie in Kapitel 5.1 beschrieben, nach der galvanischen Abscheidung gebildet haben. Eine weitere Möglichkeit der Spaltbildung besteht in der elastischen Deformation des PMMA während der chemisch-mechanischen Bearbeitung.

6.2 Untersuchung der globalen Planarität

Um eine Einebnung der Nickelhöhe über das gesamte Layout zu erreichen, muss die durch die Stromdichteverteilung bei der galvanischen Abscheidung bedingte inhomogene Höhenverteilung ungleichmäßig abgetragen werden. Auf diesem Prinzip basiert der Abtragsmechanismus des chemisch-mechanischen Planarisierens (siehe Kapitel 3.1.1).

Als Maß für die Einebnung wird die globale Planarität als Differenz der minimalen und maximalen Nickelhöhe angegeben. Abbildung 6-2 stellt die globalen Planaritäten der beiden Abscheidezustände nach dem CMP in jeweils zwei verschiedenen Diagrammen dar (die globalen Planaritäten nach der Galvanoformung sind zum Vergleich in Abb. 5-6 dargestellt).

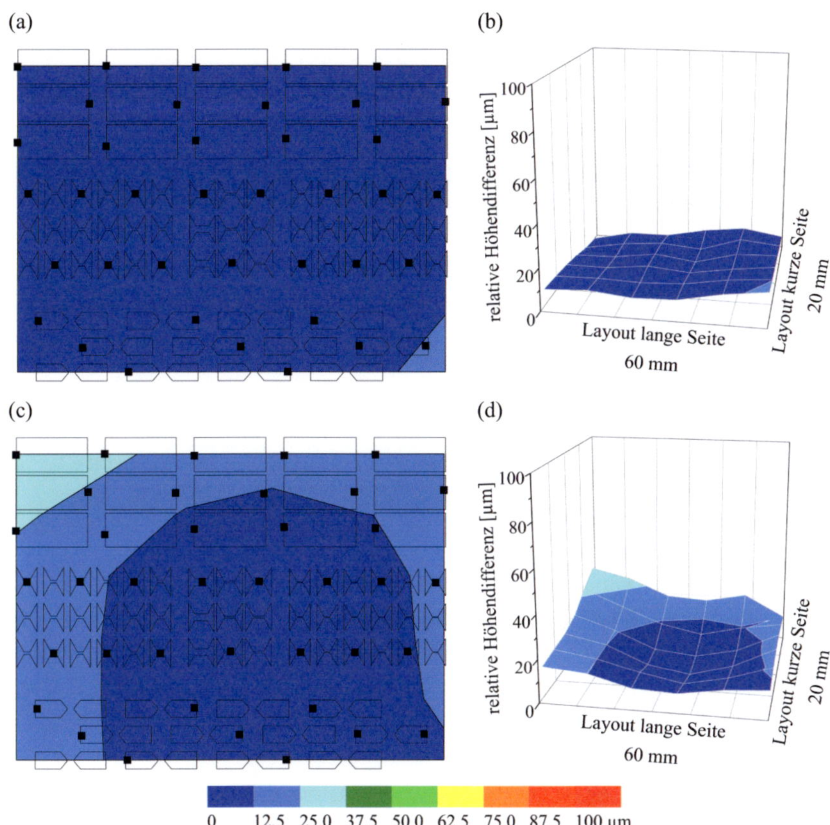

Abb. 6-2: Darstellung der globalen Planarität nach dem CMP als Konturdiagramm (a, c) sowie als 3D-Oberflächendiagramm (b, d) an den Abscheidezuständen Hega (a, b) und Technotrans (c, d). Die globale Planarität nach der Galvanoformung ist zum Vergleich in Abb. 5-6 dargestellt

Der Materialabtrag erfolgte aufgrund der konkaven Durchbiegung der Substrate inhomogen über das Layout. Daraus resultierend wiesen die Nickelstrukturen am Rand des Layouts einen höheren Materialabtrag auf. Er betrug bis zu 90 nm/min bei den Hega-Strukturen und bis zu 40 nm/min bei den mit erhöhter Anpresskraft bearbeiteten Technotrans-Strukturen. Der Materialabtrag nahm zur Mitte des Layouts weiter ab und betrug dort minimal 10 nm/min für beide Abscheidezustände. Die daraus resultierenden globalen Planaritäten lagen bei 13 µm für die Hega-Strukturen und bei 31 µm für die Technotrans-Strukturen. Daraus ergibt sich eine Verbesserung der Planarität, verglichen mit den Ausgangszuständen (Kapitel 5.2.2) von 79 % bei den Hega-Strukturen und 14 % bei den Technotrans-Strukturen.

Die im Rahmen dieser Arbeit für das CMP an Nickel-Mikrostrukturen verwendeten Prozessparamter und Verbrauchsmaterialien führen bei den grobkörnigen, weicheren Hega-Strukturen zu einer geringeren globalen Planarität und somit zu einer homogeneren Schichtdickenverteilung, verglichen mit dem CMP an feinkörnigeren, härteren Technotrans-Strukturen.

6.3 Entwicklung der Rauheiten

Die Veränderung der verschiedenen Rauheitsparameter durch das CMP wurde an den in Kapitel 5.2.3 dargestellten Messpunkten 1, 8, 16 und 21 untersucht. Sowohl die Gesamtrauheiten, angegeben als arithmetischer Mittelwert gemessen am Primärprofil Pa, als auch die aus den Kurven der spektralen Leistungsdichte errechneten Rq-Werte wurden mit den entsprechenden Werten nach der Galvanoformung verglichen (Kapitel 5.2.3).

Abbildung 6-3 zeigt eine Gegenüberstellung der gemessenen Pa-Werte an den Messpunkten nach den galvanischen Abscheidungen und nach dem CMP. Durch das CMP haben sich die Pa-Werte signifikant um nahezu 100 %, bis in den nm-Bereich, verringert. Die im Ausgangszustand den Pa-Wert an den Positionen 16 und 21 stark beeinflussende Formabweichung wurde durch das CMP auf nahezu Null verringert. Die Verbesserung der Oberflächen erfolgte unabhängig von der Position der Strukturen im Layout sowie unabhängig von der Größe der Mikrostrukturen. Die in Abb. 6-3b dargestellten Unterschiede im Pa-Wert lassen sich auf den Einfluss unerwünschter Gestaltabweichungen wie Kratzer auf der Oberfläche zurückführen.

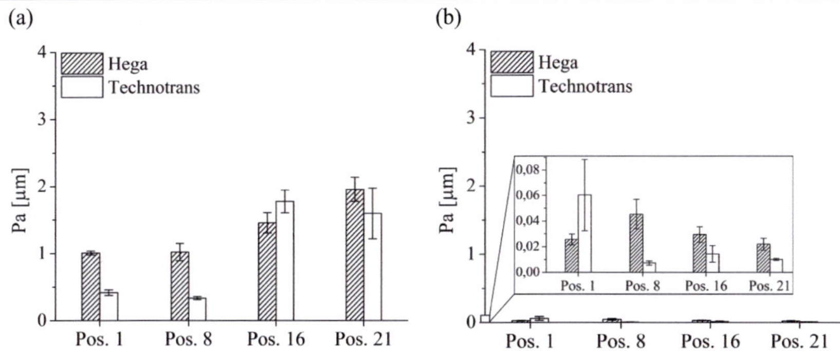

Abb. 6-3: Abhängigkeit des Pa-Werts von der Position im Layout, der Größe der Mikrostruktur und den Abscheidezuständen vor (a) und nach (b) dem CMP

Abbildung 6-4 stellt exemplarisch zwei aufgenommene Profile (a) und die daraus errechneten PSD-Kurven (b) für zwei unterschiedliche Positionen des Abscheidezustands Technotrans nach dem CMP dar. Die Oberflächenprofile und PSD-Kurven nach der Galvanoformung sind zum Vergleich in Abb. 5-9 dargestellt. Rauheiten sind in der Profildarstellung nicht mehr, Formabweichungen in Gestalt einer leichten konvexen Krümmung lediglich an Position 1 zu erkennen. Der Schnittpunkt der Kurven mit der y-Achse liegt aufgrund der Formabweichung von Position 1 mit 2×10^{-3} μm^3 etwas über dem Wert von 10^{-4} μm^3 bei Position 21. Der weitere Kurvenverlauf ist nahezu deckungsgleich.

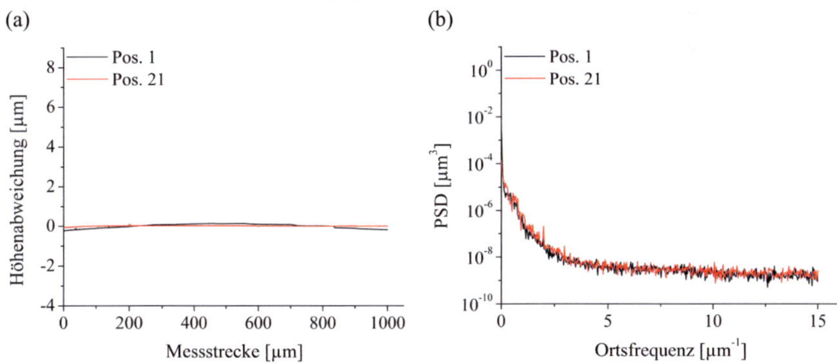

Abb. 6-4: Gegenüberstellung zweier Oberflächenprofile (Position 1 und 21) und deren PSD-Kurven aus dem Abscheidezustand Technotrans nach dem CMP. Oberflächenprofile und PSD-Kurven nach der Galvanoformung sind zum Vergleich in Abb. 5-9 dargestellt.

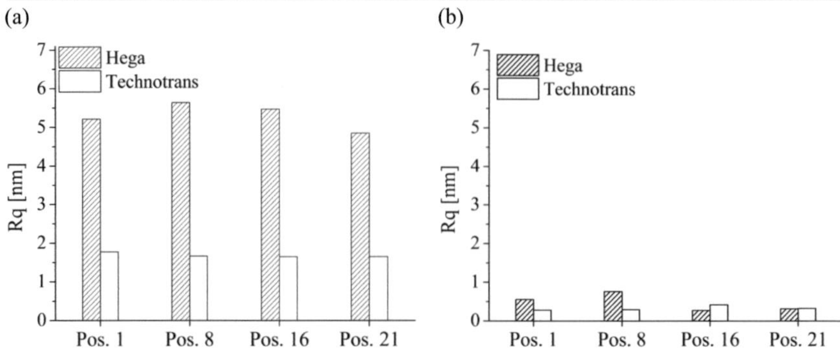

Abb. 6-5: Darstellung der Rq-Werte nach der Galvanoformung (a) und nach dem CMP (b), errechnet aus den PSD-Kurven zwischen den Ortsfrequenzen 1,42 μm^{-1} und 15 μm^{-1}

Die in Abb. 6-5 dargestellten Rq-Werte nach dem CMP zeigen eine signifikante Verbesserung der Oberflächenrauheit. Sie haben sich durch das CMP um ca. 90 %, verglichen mit den Rq-Werten der Ausgangszustände (Kapitel 5.2.3), verringert. Eine Abhängigkeit der Bearbeitung von der Position der Strukturen im Layout kann nicht erkannt werden. Die Rq-Werte des Abscheidezustands Hega weisen an den Positionen 1 und 8 einen nahezu doppelt so großen Wert auf wie an den Positionen 16 und 21. Dieser Unterschied scheint auf einen Einfluss der Strukturgröße hinzuweisen. Möglicherweise handelt es sich aber auch um Messfehler, hervorgerufen durch Schmutzpartikel, die sich aufgrund der sehr glatten Oberflächen nicht entfernen ließen und mitgemessen wurden. Ein Einfluss der Abscheidezustände auf den Rq-Wert kann nicht erkannt werden.

6.4 Diskussion

Die hier vorgestellten Ergebnisse zeigen, dass durch das LIGA-Verfahren galvanisch hergestellte, noch in PMMA eingebettete, Nickel-Mikrostrukturen erfolgreich chemisch-mechanisch planarisiert werden können. Voraussetzung für die erfolgreiche Bearbeitung ist die Symmetrie der zu bearbeitenden Fläche, entweder durch ein symmetrisches Layout an sich, eine geschickte Anordnung mehrerer Layouts oder durch das Aufbringen von Hilfsstrukturen (Kapitel 5.4) auf dem Substrat.

Der Materialabtrag erfolgte von den Stellen der größten Nickelhöhe bis hin zu den Stellen mit der geringsten Nickelhöhe, also von außen nach innen. Einflüsse auf das Ergebnis in Abhängigkeit der Position der Struktur im Layout oder der Strukturgröße wurden nicht erwartet und konnten nicht erkannt werden. Lediglich die Abscheidezustände, und daraus resultierend die Härte der Nickelschichten, zeigten einen Einfluss. So erfolgte der Materialabtrag der Hega-Strukturen aufgrund des Zusammenwirkens der chemischen und mechanischen Komponenten der CMP-Suspension. Chemischer und mechanischer Abtrag waren optimal aufeinander abgestimmt, befanden sich im Gleichgewicht. Als Resultat waren keine Grate an den Kanten zu erkennen, die Kanten selbst wurden nach der Bearbeitung sehr gut abgebildet. Der Materialabtrag der Technotrans-Strukturen, bei gleichbleibenden Verbrauchsmaterialien und Prozessparametern, führte zu einem nicht erkennbaren Abtrag. Daraufhin wurde die Anpresskraft von 10 N auf 40 N erhöht. Der mechanische Abtrag überwog und daraus resultierte eine massive Gratbildung an den Strukturen.

Galvanisch abgeschiedenes Nickel kann also nur bis zu einer bestimmten Härte mit der in Kapitel 5.4 vorgestellten Poliertuch-/Poliersuspension-Kombination sowie den Prozessparametern chemisch-mechanisch planarisiert werden. Steigt die Materialhärte über einen, bisher unbekannten, Wert, sinkt der Materialabtrag rapide ab und kann nur über das Erhöhen der Anpresskraft und damit einhergehend einer massiven Gratbildung, aufrechterhalten werden.

Trotz der hohen wirkenden Kräfte auf das Substrat bzw. auf die Mikrostrukturen bestand eine sehr gute Haftung zwischen dem Substrat und dem PMMA sowie den Nickel-Mikrostrukturen. Ablösungen der Strukturen vom Substratgrund konnten nicht beobachtet werden. Um ein Brechen des Substrats durch die Bearbeitung zu vermeiden, sollte das Silizium-Substrat durch ein mechanisch stabileres Material, z. B. Keramik, ersetzt werden. Die weitere Handhabung der Proben erwies sich als unproblematisch.

Der erreichte Materialabtrag von 10 bis 90 nm/min für Hega- und 10 bis 40 nm/min für Technotrans-Strukturen lag im bzw. etwas über dem von *Zhong et al.* [Zho2006] und *Du et al.* [Du2004] angegebenen Bereich für das CMP an PMMA- bzw. Nickeloberflächen (Tab. 3-2). Allerdings liegen die hier erreichten Abtragsraten deutlich unter dem von *Zwicker* [Zwi2008] für einen realistischen Durchsatz geforderten Abtrag von 500 nm/min (Tab. 3-1). Die durch die Abtragsraten erreichten globalen Planaritäten konnten in Abhängigkeit des Abscheidezustands um 79 % auf

13 µm bei den Hega-Strukturen und um 14 % auf 31 µm bei den Technotrans-Strukturen verbessert werden.

Der sich aus der Oberflächenrauheit und der Formabweichung zusammensetzende Pa-Wert hat sich durch das CMP signifikant verringert. Unabhängig von der Position der Strukturen im Layout und unabhängig von der Strukturgröße lagen die gemessenen Pa-Werte unter 100 nm. Auch die aus den PSD-Kurven zwischen den Ortsfrequenzen 1,42 und 15 μm^{-1} berechneten Rq-Werte zeigen ebenfalls nahezu unabhängig von der Position der Strukturen im Layout sowie unabhängig von der Größe der Mikrostrukturen eine signifikante Verbesserung der Rauheit. Die Hega-Strukturen konnten um bis zu 96 %, die Technotrans-Strukturen um bis zu 84 % verglichen mit dem Ausgangszustand verbessert werden. Ein Einfluss der Abscheidezustände konnte sowohl bei den Pa- als auch bei den Rq-Werten nicht festgestellt werden.

Die hier verwendeten Prozessparameter und Verbrauchsmaterialien sind nicht auf das CMP von galvanogeformtem Nickel und PMMA angepasst worden. Die hier dargestellten Ergebnisse stellen erste Anhaltspunkte und daraus resultierend einen weiteren Handlungs- und Optimierungsbedarf dar.

7 Plasmapolieren von Nickel-Mikroprüfkörpern

Durch das LIGA-Verfahren galvanisch hergestellte Mikrostrukturen wurden erstmalig im Rahmen dieser Arbeit mit Hilfe des Plasmapolierens bearbeitet. Aufgrund der Prozessparameter erfolgte die Bearbeitung an freistehenden, nicht mehr in PMMA eingebetteten Mikroprüfkörpern. Die Resultate sind im Folgenden dargestellt.

7.1 Mikroskopische Betrachtung

Die Mikroprüfkörper erscheinen nach der Plasmapolitur seidenmatt, das als Substratgrund ebenfalls angegriffene TiO_x erscheint grau. Sowohl die Oberflächentopographie als auch die Seitenwände wurden bearbeitet und eingeebnet (Abb. 7-2). An einigen, scheinbar zufälligen Strukturen im Layout kam es zur Ausbildung bisher noch nie beobachteter Bearbeitungsfronten. Die Abbildungen 7-1a und b zeigen exemplarisch zwei solcher Strukturen. Obwohl sich die Strukturen auf demselben Substrat befanden, scheint die Bearbeitungsfront bei Abb. 7-1a von rechts nach links, bei Abb. 7-1b von links nach rechts zu verlaufen. Die Vermutung, dass es sich bei diesem Effekt um einen Strömungseinfluss handelt, konnte nicht bestätigt werden. Trotz des Wechsels des Elektrolytgefäßes (siehe Kapitel 5.5) kam es weiterhin unregelmäßig zu der Entstehung solcher Bearbeitungsfronten.

(a)   (b)

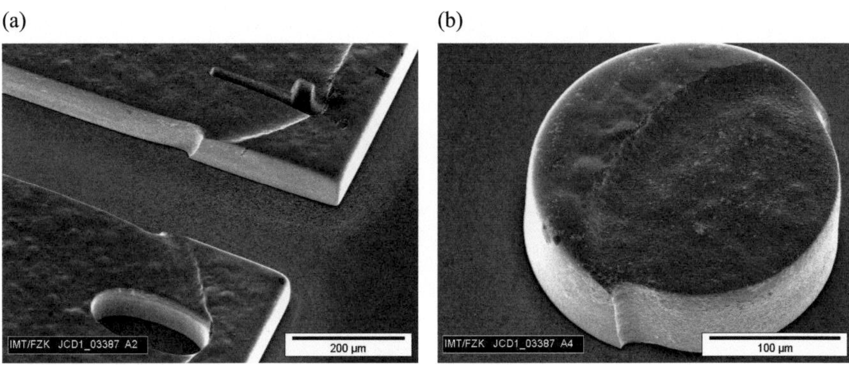

Abb. 7-1: REM-Aufnahmen der Bearbeitungsfronten an einigen Hega-Mikrostrukturen, aufgenommen unter einem Winkel von 30°

Die Bearbeitung der Technotrans-Strukturen erfolgte über die ersten zwei Minuten mit der in Abb. 5-13b dargestellten Edelstahlblende. Da nach diesem Zeitraum kein Materialabtrag zu erkennen war, wurde die Blende für die übrige Bearbeitungsdauer von sieben Minuten entfernt. Aufgrund dieses langen Bearbeitungszeitraums ohne Edelstahlblende kann der Einfluss der Blende vernachlässigt werden. Der Vergleich zwischen Hega- und Technotrans-Strukturen ist somit zulässig.

Die innerhalb von 90 s bearbeiteten Hega-Strukturen weisen auf der Oberfläche leichte Welligkeiten auf (Abb. 7-2a, b), die bei den neun Minuten plasmapolierten Technotrans-Strukturen nicht zu erkennen sind. Die Oberfläche scheint mit steigender Bearbeitungsdauer glatter zu werden (Abb. 5-4 zeigt zum Vergleich die korrespondierenden REM-Aufnahmen nach der Galvanoformung). Die sich auf den Oberflächen befindenden Verfärbungen können Spülresten zugeordnet werden. Die in Abb. 7-2d

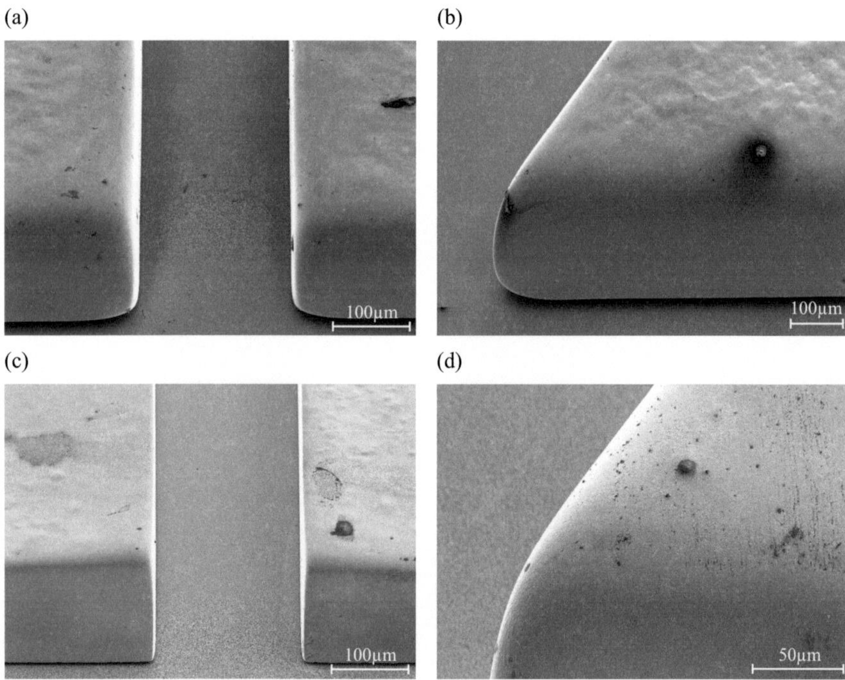

Abb. 7-2: REM-Aufnahmen zwei unterschiedlicher Mikroprüfkörper, aufgenommen unter einem Winkel von 50° bei 150-facher (b), 200-facher (a, c) und 500-facher (d) Vergrößerung, nach dem Plasmapolieren an den Abscheidezuständen Hega (a, b) und Technotrans (c, d). REM-Aufnahmen nach der Galvanoformung sind zum Vergleich in Abb. 5-4 dargestellt

zu erkennenden Punkte auf der Oberfläche sind zum Teil Partikel, die sich auf den Oberflächen befinden, zu einem anderen Teil Poren in der Nickelschicht.

Die Kanten wurden bei allen Strukturen verstärkt abgetragen und dadurch verrundet. Mit steigender Bearbeitungsdauer verrundeten die Kanten der Hega-Strukturen nicht nur an der Oberfläche, sondern auch am Strukturgrund deutlich (Abb. 7-2a, b). Trotz einer sechsmal so langen Bearbeitungsdauer der Technotrans-Strukturen (Abb. 7-2c, d), verrundeten die Kanten nicht so stark wie die der Hega-Strukturen. Der Ausgangszustand des galvanogeformten Nickels spielt bei der Plasmapolitur offensichtlich eine große Rolle.

7.2 Untersuchung der globalen Planarität

Eine Reduzierung der globalen Planarität kann nur durch ein inhomogenes Abtragsverhalten, mit hohen Abtragsraten an den Kanten und geringer werdenden Abtragsraten zur Mitte des Layouts hin, erreicht werden. Ob diese Anforderungen durch das Plasmapolieren erreicht werden, wird im Folgenden untersucht.

Abbildung 7-3 stellt die globalen Planaritäten der beiden Abscheidezustände Hega und Technotrans nach dem Plasmapolieren an jeweils zwei verschiedenen Diagrammen dar. Zum Vergleich sind in Abb. 5-6 die globalen Planaritäten nach der Galvanoformung aus beiden Abscheidzuständen dargestellt. Der Abtrag durch das Plasmapolieren erfolgte an beiden Abscheidezuständen sehr unterschiedlich. Die Abtragsraten variierten stark über die gesamte Strukturfläche, wobei die Raten der Hega-Strukturen zwischen 6 und 25 µm/min, die der Technotrans-Strukturen zwischen 300 nm/min und 2 µm/min lagen. Der langsame Abtrag der Technotrans-Strukturen kann auf den, verglichen mit den Hega-Strukturen, feinkörnigeren Gefügezustand und der daraus resultierenden höheren Härte zurückgeführt werden. Das Ergebnis der Technotrans-Strukturen ist in Abb. 7-3c und d dargestellt.

Die aus dem Plasmapolieren resultierenden globalen Planaritäten lagen für die Hega-Strukturen bei 92 µm und für die Technotrans-Strukturen bei 65 µm. Verglichen mit den Ausgangszuständen nach der galvanischen Abscheidung entspricht das einer minimalen Verbesserung der Planarität sowohl für die Hega- als auch für die Technotrans-Strukturen.

(a) (b)

(c) (d)

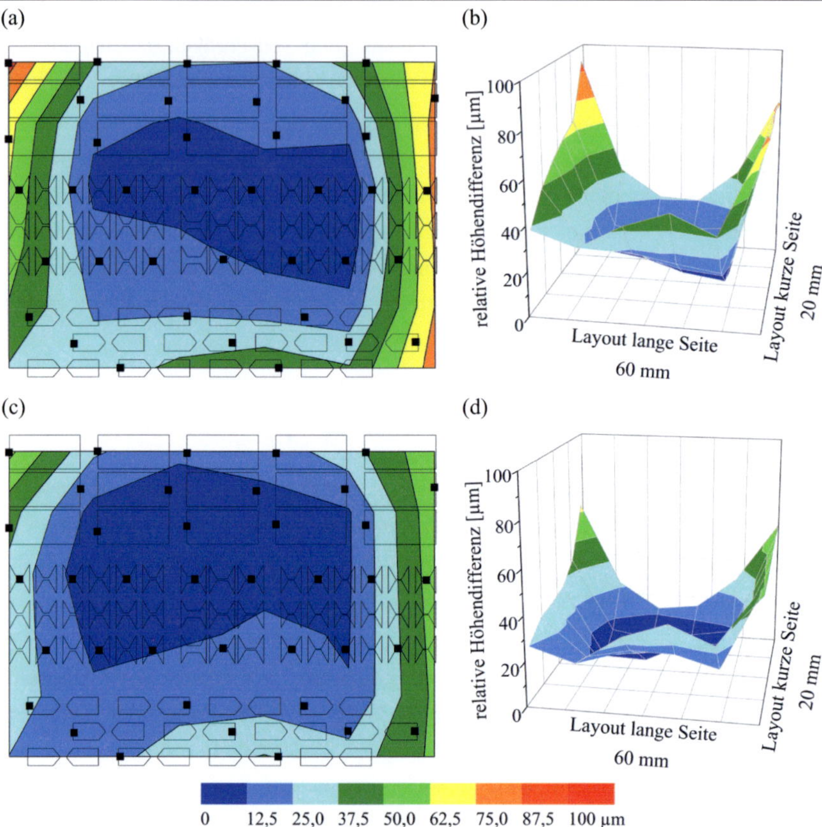

Abb. 7-3: Darstellung der globalen Planarität nach dem Plasmapolieren als Konturdiagramm (a, c) sowie als 3D-Oberflächendiagramm (b, d) an den Abscheidezuständen Hega (a, b) und Technotrans (c, d). Zum Vergleich sind in Abb. 5-6 die globalen Planaritäten nach der Galvanoformung dargestellt

7.3 Entwicklung der Rauheiten

Abbildung 7-4 zeigt eine Gegenüberstellung der gemessenen Pa-Werte nach den galvanischen Abscheidungen jeweils aus einer Hega- und einer Technotrans-Anlage (a) und nach dem Plasmapolieren (b). Verglichen mit dem Ausgangszustand haben sich die Pa-Werte signifikant verringert. Sowohl die Formabweichungen als

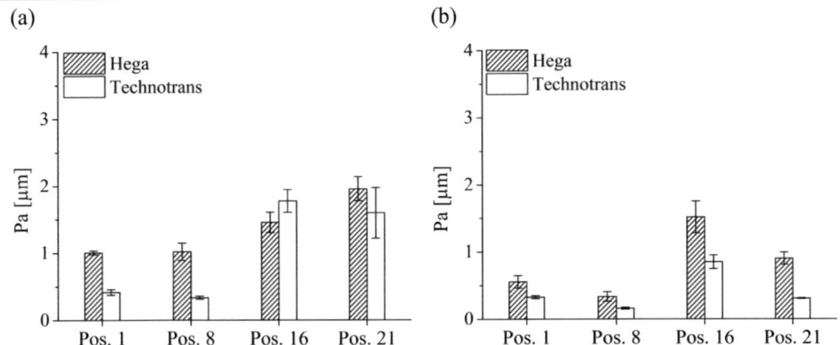

Abb. 7-4: Abhängigkeit des Pa-Werts von der Position im Layout, der Größe der Mikrostruktur und den Abscheidezustände vor (a) und nach (b) dem Plasmapolieren

auch die Rauheiten sind an allen Strukturen reduziert worden. Abhängig von der Position der Strukturen im Layout ist der Pa-Wert umso größer, je weiter die Strukturen am Rand des Layouts liegen. Der Pa-Wert der Position 1, verglichen mit Position 8, ist größer, das Gleiche gilt auch für die Positionen 16 und 21. In Abhängigkeit der Größe der Mikrostrukturen hängt der Pa-Wert weiterhin von dem Verhältnis der Messlänge zur Strukturgröße ab. Der Pa-Wert ist umso größer, je kleiner das Verhältnis von Messlänge zu Strukturgröße ist. Daraus resultiert, wie schon im Ausgangszustand vorhanden, ein bis zu doppelt so großer Pa-Wert an den Positionen 16 und 21, verglichen zu den Positionen 1 und 8. Im Allgemeinen liegen die Pa-Werte des Abscheidezustands Technotrans an allen vermessenen Positionen unter denen der Hega-Strukturen.

Abbildung 7-5 zeigt exemplarisch zwei aufgenommene Profile (a) sowie die daraus errechneten PSD-Kurven (b) für die Positionen 1 und 21 der Technotrans-Strukturen nach dem Plasmapolieren. Die Oberflächenprofile und entsprechenden PSD-Kurven nach der Galvanoformung sind zum Vergleich in Abb. 5-9 dargestellt. Die Rauheitsspitzen sind in ihrer Höhe, allerdings nicht ihrer Breite zurückgegangen (Abb. 7-5a). Die Oberflächen erscheinen vor allem an Position 1 immer noch rau. Auch die Formabweichung in Gestalt einer Krümmung der Oberfläche ist an Position 21 zurückgegangen, aber noch immer vorhanden. Auch an Position 1 hat sich eine leichte Oberflächenkrümmung entwickelt. Die in Abb. 7-5b dargestellten PSD-Kurven weisen erst ab einer Frequenz von ca. 3,0 μm^{-1} eine Deckungsgleichheit auf. Die Schnittpunkte der Kurven mit der y-Achse liegen aufgrund der Krümmung und der

(a)   (b)

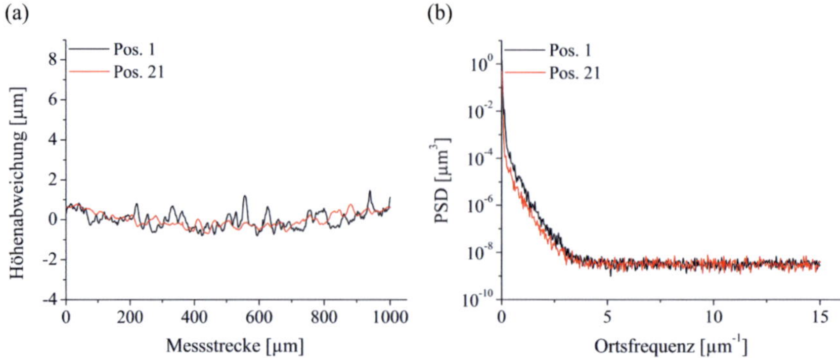

Abb. 7-5: Darstellung der Profil- und PSD-Kurven des Abscheidezustands Technotrans an
Position 1 und 21 nach dem Plasmapolieren. Abbildung 5-9 stellt die Profile und
PSD-Kurven zum Vergleich nach der Galvanoformung dar

rauen Oberfläche für Position 1 bei 1,4 μm^3, für Position 21, bedingt durch die relativ glatte Oberfläche trotz der Formabweichung, bei 0,5 μm^3.

Die Rq-Werte wurden zwischen den Ortsfrequenzen 1,42 und 15 μm^{-1} errechnet, um sie mit den in Kapitel 5.2.3 dargestellten Werten vergleichen zu können. Eine deutliche Reduzierung der Rq-Werte, um bis zu 87 % bei den Hega- und bis zu 75 % bei den Technotrans-Strukturen, ist sichtbar. Auch hier ist eine Abhängigkeit der Werte der Hega-Strukturen weder von der Position der Strukturen im Layout noch von der Mikrostrukturgröße zu erkennen. Bei den Technotrans-Strukturen ist eine

(a)   (b)

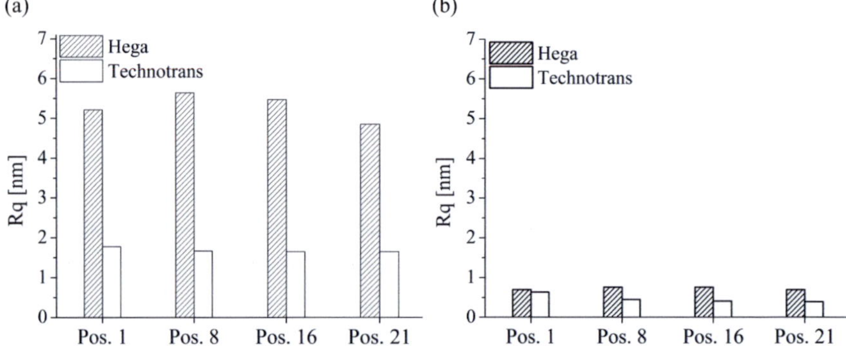

Abb. 7-6: Darstellung der Rq-Werte nach der galvanischen Abscheidung (a) und nach dem
Plasmapolieren (b), errechnet aus den PSD-Kurven zwischen den Ortsfrequenzen
1,42 und 15,0 μm^{-1} nach dem Plasmapolieren

Positionsabhängigkeit an Position 1 zu erkennen. Aufgrund des nahezu konstant bleibenden Rq-Werts an den weiteren Positionen kann ein Einfluss der Strukturgröße auf die Ausbildung des Rq-Werts ausgeschlossen werden. Ein Einfluss des Abscheidezustands kann ebenfalls erkannt werden. Die Technotrans-Strukturen weisen an den Positionen 8, 16 und 21 einen um ca. 30 % reduzierteren Rq-Wert auf als die Hega-Strukturen. Lediglich an Position 1 sind die Werte der beiden Abscheidezustände nahezu identisch.

7.4 Diskussion

Die hier dargestellten Ergebnisse zeigen, dass es möglich ist, durch das LIGA-Verfahren galvanisch hergestellte Nickel-Mikrostrukturen mit Hilfe des Plasmapolierens zu bearbeiten und Rauheiten auf der Oberfläche messbar zu verringern. Neben den Strukturoberflächen werden auch die Seitenwände der Mikrostrukturen und das TiO_x des Substratgrunds mitbearbeitet. Das Entstehen scheinbar zufälliger Bearbeitungsfronten an Oberfläche und Seitenwand mehrerer Mikrostrukturen ist dem Wunsch nach einer homogenen Bearbeitung kontraproduktiv.

Der Abtrag erfolgte scheinbar willkürlich über das gesamte Layout, eine Gesetzmäßigkeit konnte nicht erkannt werden. Auch eine bevorzugte Bearbeitung der sich am Rand des Layouts befindenden Strukturen oder die bevorzugte Bearbeitung kleinerer oder größerer Mikrostrukturen war nicht zu beobachten. In Abhängigkeit des Abscheidezustands lagen die Abtragsraten der Hega-Strukturen zwischen 6,0 und 25,3 µm/min, die der Technotrans-Strukturen zwischen 0,3 und 1,7 µm/min. Das Abtragsverhalten des Plasmapolierens scheint von der Gefügeausbildung der zu bearbeitenden Oberflächen abhängig zu sein. Die grobkörnigeren, weicheren Hega-Strukturen wurden schneller abgetragen. Dieser schnelle Abtrag resultierte zum einen in einer Abnahme der Oberflächenrauheit zum anderen in einer starken Verrundung der Kanten der einzelnen Strukturen. Auch die Kanten am Fuße der Strukturen wurden deutlich verrundet. Betrachtet man die Maßhaltigkeit der Hega-Strukturen, so verschlechtert sich diese durch das Plasmapolieren um ca. 10 % gegenüber dem Ausgangszustand. Die Maßhaltigkeit der Strukturen, an denen es zur Ausbildung der bisher ungeklärten Bearbeitungsfronten kam, konnte nicht erhalten werden. Ein gemäßigter Abtrag fand bei den feinkörnigeren, härteren Technotrans-Strukturen statt. Auch hier wurde die Oberflächenrauheit verringert, die Kantenverrundung war weniger stark ausgeprägt. Die Maßhaltigkeit konnte im Rahmen der Messunischerheit (2 µm) erhalten werden. Der laut *Tien* [Tie1984] dem Plasmapolieren zugrundeliegende Mechanismus der anodischen Auflösung kann anhand der in dieser Arbeit bearbeiteten Proben nur bedingt nachvollzogen werden. Aufgrund der deutlichen Abhängigkeit des Abtrags von der Gefügeausbildung ist die anodische Auflösung im aktiven Bereich der Stromdichte-Potential-Kurve denkbar (siehe Abb. 3-5).

Trotz des inhomogenen Abtrags konnte die globale Planarität keines Abscheidezustands verbessert werden. Sie blieb sowohl bei den Hega- als auch bei den Technotrans-Strukturen unverändert.

Durch die Plasmapolitur hat sich der Pa-Wert zum Teil sehr stark verringert. Neben den Rauheiten konnten auch die Formabweichung reduziert, aber nicht vollständig entfernt werden. In Abhängigkeit der Position der Strukturen im Layout, der Mikrostrukturgröße und des Abscheidezustands reduzierte sich der Pa-Wert um bis zu 75 % des Werts des Ausgangszustands. Des Weiteren ist ein Zusammenhang des Pa-Werts zum einen von der Position der Strukturen im Layout, zum anderen von dem Verhältnis der Messlänge zur Strukturgröße sichtbar. Der Pa-Wert ist umso geringer, je weiter er in der Mitte des Layouts liegt. Ebenso ist er umso geringer, je größer das Verhältnis von Messlänge zu Strukturgröße ist. Der Einfluss der Position sowie der Mikrostrukturgröße ist an den Rq-Werten, die aus den PSD-Kurven berechnet wurden, nur noch teilweise zu beobachten. Die Hega-Strukturen, deren Rq-Wert sich um 87 % verbessert hat, zeigen keine der oben genannten Abhängigkeiten. Lediglich die Technotrans-Struktur an Position 1 weist einen höheren Rq-Wert als die übrigen Strukturen auf. Möglicherweise ist dieser Anstieg auf die stark exponierte Lage der Struktur an der Ecke des Layouts und daraus resultierend auf einen veränderten Abtrag zurückzuführen. Im Gesamten hat sich der Rq-Wert der Technotrans-Strukturen um 75 % verbessert. Sowohl bei der Betrachtung des Pa- als auch des Rq-Werts ist ein Einfluss des Abscheidezustands sichtbar. Technotrans-Strukturen weisen in beiden Fällen einen kleineren Wert auf als Hega-Strukturen.

Das Plasmapolieren ist ein durch das Beckmann-Institut für Technologieentwicklung e. V. patentiertes Verfahren und wird deshalb nur von wenigen Firmen angeboten.

8 Elektropolieren von Nickel-Mikrostrukturen

Die bisher für die Erzeugung von Mikrostrukturen bekannten Arbeitsabfolgen Übergalvanisieren und Elektropolieren zur Planarisierung bzw. die mechanische Bearbeitung und Elektropolitur zur Erzeugung und Entgratung von Mikrostrukturen (siehe Kapitel 3.3.2) wurden im Rahmen dieser Arbeit abgewandelt.

Erstmalig wurden durch das LIGA-Verfahren hergestellte Nickel-Mikrostrukturen elektropoliert. Zum einen in PMMA eingebettete, nicht übergalvanisierte Mikroprüfkörper, zum anderen übergalvanisierte und mechanisch bearbeitete RF-MEMS sowohl eingebettet in PMMA als auch freistehend ohne PMMA. Die Ergebnisse sind im Folgenden dargestellt.

8.1 Mikroskopische Betrachtung

Nach der vierminütigen Elektropolitur der Mikroprüfkörper, eingebettet in PMMA, erscheint die Oberfläche seidenmatt und leicht reflektierend. Die Oberflächentopographien sind verringert worden, wobei die Oberflächen der Technotrans-Strukturen homogener erscheinen (Abb. 8-1). Eine leichte Stufenbildung ist durch das Elektropolieren der Hega-Strukturen auf der Oberfläche entstanden. Abbildung 5-4 zeigt die identischen Strukturen zum Vergleich nach der Galvanoformung.

Die Kanten und Ecken der Strukturen wurden, trotzdem sie in PMMA eingebettet waren, verstärkt abgetragen. Wie aus der Literatur bekannt ist dies auf eine erhöhte Feldliniendichte an diesen Stellen zurückzuführen. Abhängig von dem Kantenwinkel kommt es bei rechtwinkligen Kanten zu einem Abschrägen (Abb. 8-1a und c), bei spitzwinkligen Kanten zu einem Abrunden (Abb. 8-1b und d).

Eine Veränderung der Seitenwände wurde aufgrund der in PMMA eingebetteten Mikrostrukturen nicht erwartet. Abbildung 8-1 zeigt allerdings an den Seitenwänden im oberen Bereich der Mikroprüfkörper leichte Verfärbungen. Diese sind möglicherweise durch ein Eindringen des Elektrolyten in Spalte, die sich nach der galvanischen Abscheidung gebildet haben (siehe Kapitel 5.1), zwischen Nickel-Strukturen und PMMA und einem daraus resultierenden elektrochemischen Abtrag entstanden.

(a)   (b)

(c)   (d)

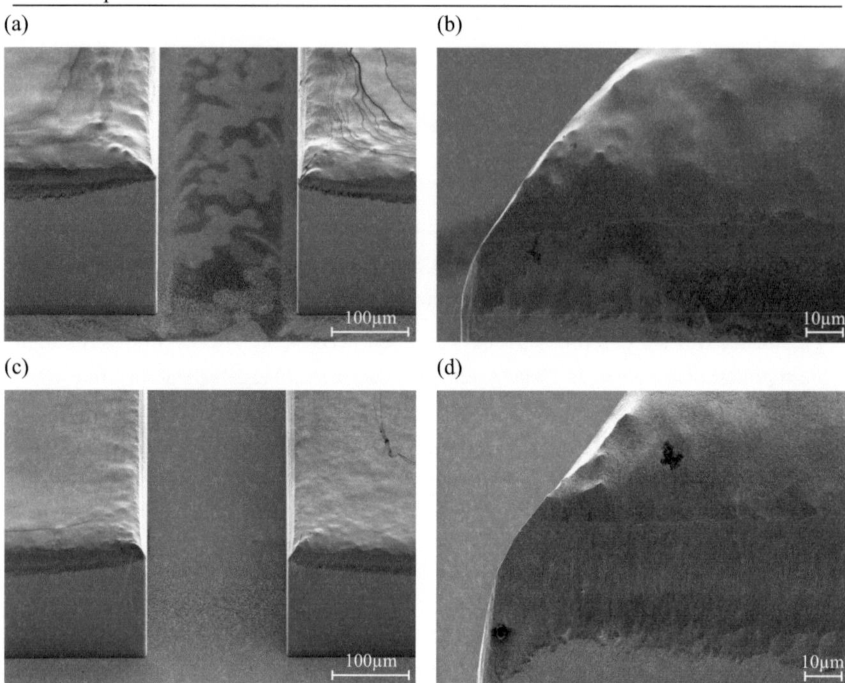

Abb. 8-1: REM-Aufnahmen zwei verschiedener Mikroprüfkörper, aufgenommen unter einem
Winkel von 50° bei 200-facher und 1000-facher Vergrößerung, nach dem Elektropolieren an den Abscheidezuständen Hega (a, b) und Technotrans (c, e). Die korrespondierenden REM-Aufnahmen nach der Galvanoformung sind zum Vergleich in
Abb. 5-4 dargestellt

8.2   Untersuchung der globalen Planarität

Um die als Differenz zwischen minimaler und maximaler Nickelhöhe definierte
globale Planarität des Ausgangszustandes zu verbessern, muss der Abtrag vorrangig
an den außenliegenden Strukturen des Layouts erfolgen. Inwieweit das Elektropolieren an den Mikroprüfkörpern diese Forderungen erfüllt, wird im Folgenden
untersucht.

Die mikroskopische Bestimmung der Nickelhöhe nach dem Elektropolieren war
aufgrund der stark reflektierenden und leicht orangenhautartigen Oberfläche nur be-

dingt möglich. Die im Folgenden dargestellten Angaben sind entsprechend mit Ungenauigkeiten versehen.

Abbildung 8-2 stellt die globalen Planaritäten der beiden Abscheidezustände Hega und Technotrans nach dem Elektropolieren an jeweils zwei unterschiedlichen Diagrammen dar. Zum Vergleich sind die globalen Planaritäten nach der Galvanoformung in Abb. 5-6 dargestellt. Erwartungsgemäß erfolgte der Abtrag vorrangig an den Ecken des Layouts. In beiden Abscheidezuständen wurde der höchste Materialabtrag von 4,8 µm/min bei den Hega-Strukturen und 3,0 µm/min bei den Technotrans-

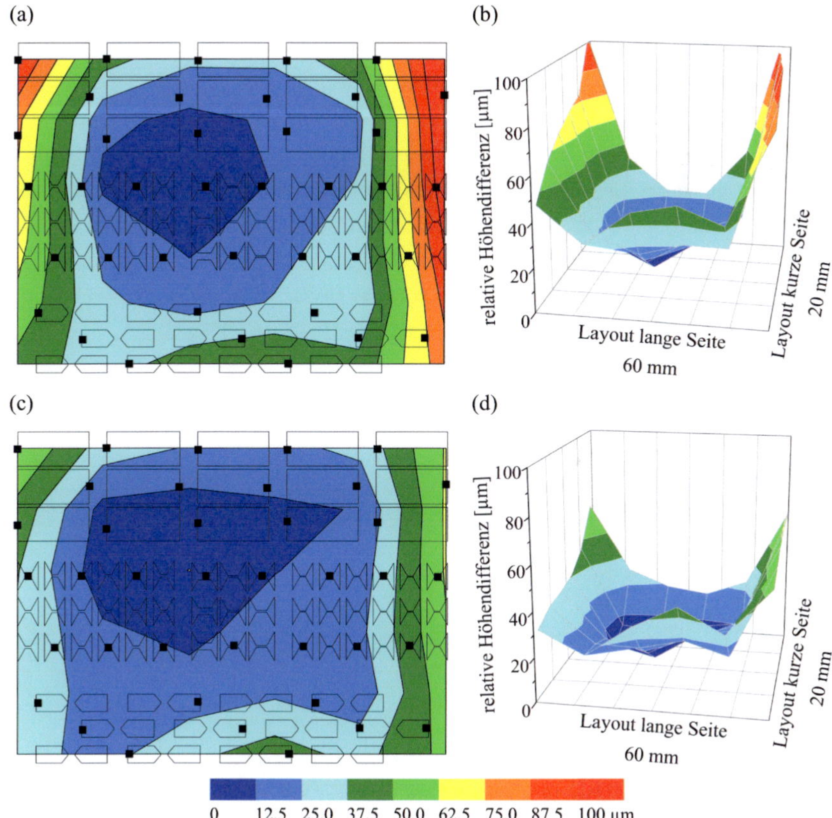

Abb. 8-2: Darstellung der globalen Planarität nach dem Elektropolieren als Konturdiagramm (a, c) sowie als 3D-Oberflächendiagramm (b, d) an den Abscheidezuständen Hega (a, b) und Technotrans (c, d). Die globalen Planaritäten nach der Galvanoformung sind zum Vergleich in Abb. 5-6 dargestellt

Strukturen an der linken oberen Ecke des Layouts gemessen. Kreisförmig von den Ecken bis in die Mitte des Layouts verlaufend nimmt der Abtrag ab. Die daraus resultierenden globalen Planaritäten lagen, verglichen mit denen nach der Galvanoformung (Abb. 5-6), bei 115 µm für die Hega-Strukturen und bei 63 µm für die Technotrans-Strukturen. Daraus ergibt sich eine nahezu unveränderte Planarität, verglichen mit den Ausgangszuständen, bei den Hega-Strukturen sowie eine Verringerung der globalen Planarität um 7 % bei den Technotrans-Strukturen.

8.3 Entwicklung der Rauheiten

Eine Gegenüberstellung der gemessenen Pa-Werte nach der galvanischen Abscheidung und nach dem Elektropolieren ist in Abb. 8-3 dargestellt. Verglichen mit den Ausgangszuständen haben sich die Werte deutlich verändert. Abhängig von der Größe der Mikrostrukturen verringerten sich die Pa-Werte der großen Strukturen an Position 1 und 8, wohingegen sich die Werte der kleinen Strukturen an Position 16 und 21 vergrößert haben. Im Allgemeinen ist ein Einfluss der Position der Strukturen im Layout auf den Pa-Wert zu erkennen. Er ist umso größer, je weiter die Strukturen am Rand des Layouts liegen. Daraus resultierend ist der Pa-Wert an Position 1, verglichen mit Position 8, größer, genauso wie der Wert an Position 16 größer ist als der an Position 21. In Abhängigkeit der Größe der Mikrostrukturen hängt der Pa-Wert weiterhin vom Verhältnis der Messlänge zur Strukturgröße ab. Der Pa-Wert ist umso

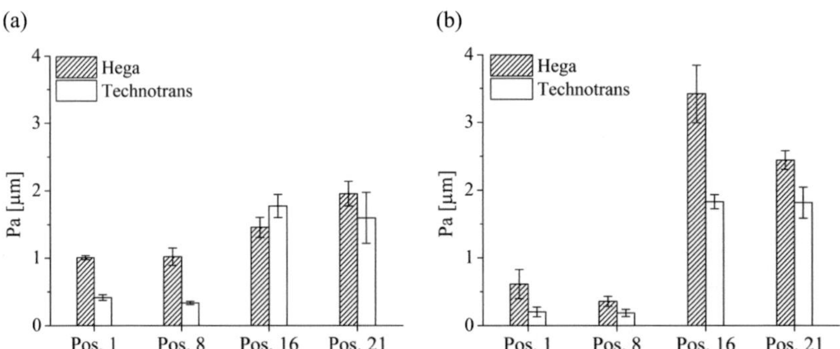

Abb. 8-3: Abhängigkeit des Pa-Werts von der Position der Strukturen im Layout, der Größe der Mikrostruktur und dem Abscheidezustand vor (a) und nach (b) dem Elektropolieren

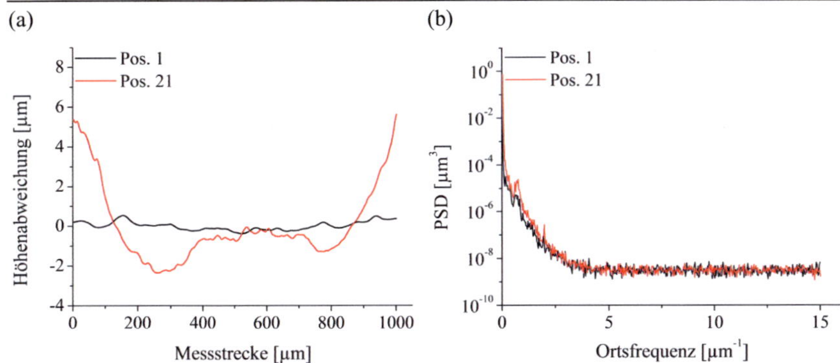

Abb. 8-4: Darstellung der Profil- und PSD-Kurven des Abscheidezustands Technotrans an
Position 1 und 21 nach dem Elektropolieren. Die Profil- und PSD-Kurven nach der
Galvanoformung sind zum Vergleich in Abb. 5-9 dargestellt

größer, je kleiner das Verhältnis von Messlänge zu Strukturgröße ist. Daraus resultiert
ein bis zu 1,5-mal so großer Pa-Wert an den Positionen 16 und 21, verglichen mit den
Positionen 1 und 8. Auch ein Einfluss des Abscheidzustands ist sichtbar. So liegen die
Pa-Werte der Technotrans-Strukturen an allen Positionen bis zu 50 % unter den an
den Hega-Strukturen gemessenen Pa-Werten.

Abbildung 8-4 zeigt exemplarisch zwei aufgenommenen Profile (a) sowie die
daraus errechneten PSD-Kurven (b) für die Positionen 1 und 21 der Technotrans-
Strukturen nach dem Elektropolieren. Die Oberflächenprofile und dazugehörigen
PSD-Kurven nach der Galvanoformung sind zum Vergleich in Abb. 5-9 dargestellt.
Die Rauheit an beiden Positionen hat sich, verglichen mit den Profilen des Ausgangszustands, signifikant verringert. Die Formabweichung der Oberfläche an Position 21,
die im Ausgangszustand als konkave Krümmung durch einen Radius beschrieben
werden konnte, setzt sich nach dem Elektropolieren aus mehreren Krümmungen mit
verschiedenen Radien zusammen. Die aus den Profilen resultierenden PSD-Kurven
(Abb. 8-4b) sind aufgrund der geringen Rauheiten an beiden Positionen nahezu
deckungsgleich. Lediglich die Schnittpunkte der Kurven mit der y-Achse liegen
aufgrund der Formabweichungen von Position 21 bei unterschiedlichen Werten. Die
Kurve der Position 1 schneidet die y-Achse bei 0,1 μm^3, Position 21 schneidet sie bei
0,7 μm^3.

Die aus den PSD-Kurven aller Messpunkte zwischen den Ortsfrequenzen 1,42 und
15 μm^{-1} berechneten Rq-Werte sind in Abb. 8-5 dargestellt. Sie haben sich, verglichen

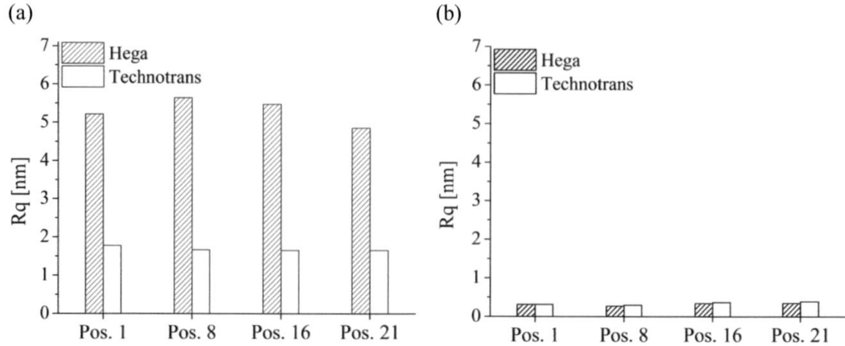

Abb. 8-5: Darstellung der Rq-Werte nach der galvanischen Abscheidung (a) und nach dem Elektropolieren (b), errechnet aus den PSD-Kurven zwischen den Ortsfrequenzen 1,42 und 15,0 µm^{-1}

mit den Rq-Werten des Ausgangszustands, signifikant reduziert. Die Rauheitswerte der Hega-Strukturen wurden um 90 %, die des Abscheidezustands Technotrans um 80 % verbessert. Die Rauheiten zeigen des Weiteren keine Abhängigkeiten von der Position der Strukturen im Layout oder von der Strukturgröße. Auch ein Einfluss des Abscheidezustands auf den Rq-Wert ist nach dem Elektropolieren nicht mehr vorhanden.

8.4   Entgraten von RF-MEMS

Zur Erhaltung der funktionellen Eigenschaften von LIGA-RF-MEMS wurden in dieser Arbeit erstmalig die durch eine mechanische Bearbeitung entstandenen Grate mit Hilfe des Elektropolierens entfernt.

Untersucht wurde zum einen der Einfluss der Position der Strukturen im Layout auf das Entgraten. Position 1 des Biegezungenkondensators (siehe Kapitel 5.3) befand sich am Rand, Position 2 in der Mitte des Layouts. Zum anderen wurde untersucht, ob die An- bzw. Abwesenheit des Resists beim Entgraten eine signifikante Rolle spielt.

Zum Vergleich sind in Abb. 5-11 REM-Aufnahmen des Biegezungenkondensators nach dem Läppen dargestellt.

8.4.1 Elektropolieren eingebetteter RF-MEMS

Abbildung 8-6 zeigt REM-Aufnahmen an Position 2 eines Biegezungenkondensators nach 10 s Elektropolitur. Die Strukturen waren während der Bearbeitung in PMMA eingebettet.

Deutlich ist zu erkennen, dass der gewollte Spalt zwischen Biegezunge und Fingerstrukturen nahezu vollständig wiederhergestellt wurde, wobei vereinzelt Nickelreste in diesem Spalt zu erkennen sind. Minimale Grate sind entlang der Fingerstrukturen noch sichtbar (Abb. 8-6a). Die Breite der Biegezunge, die durch das Läppen um 24 % vergrößert wurde, liegt nach der Elektropolitur bei 11 µm. Das entspricht 90 % der ursprünglichen Resist-Breite. Zu erklären ist das durch den verstärkten Materialabtrag an den Kanten, der durch das Elektropolieren hervorgerufen wird. Dieser führt zu einem Anschrägen der Kanten der RF-MEMS Strukturen (Abb. 8-6b), wodurch sich die Breite verringert. Auch die Oberfläche hat sich durch das Elektropolieren deutlich verbessert. Rauheiten und ebenso Riefen und Kratzer sind signifikant verringert worden. Zusätzlich haben sich, bedingt durch die starke Sauerstoffentwicklung während des Elektropolierens und dem daraus resultierenden Anhaften der Sauerstoffbläschen auf der Oberfläche, Vertiefungen gebildet. Die während der Bearbeitung durch den Resist geschützten Seitenwände weisen keine Veränderungen auf.

Wird Position 1 mit Position 2 verglichen, ergibt sich ein ähnliches Bild. Die nach dem Läppen um 16 % verbreitete Biegezunge an Position 1 weist nach dem Elektropolieren eine Breite von 76 % der ursprünglichen Resist-Breite auf. Alle Grate

(a)   (b)

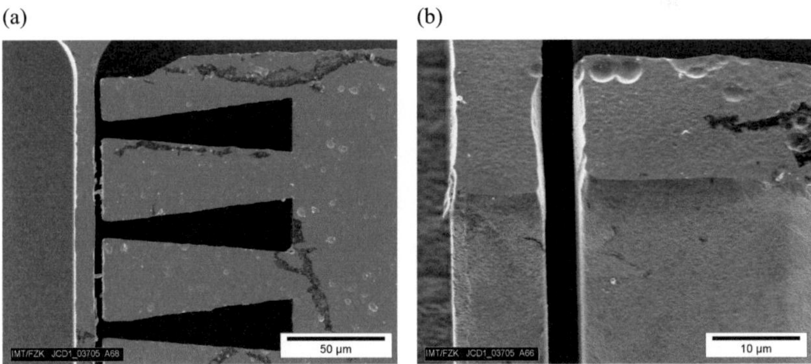

Abb. 8-6: Ausschnitt eines Biegezungenkondensators (Position 2) in der Draufsicht (a) und unter einem Winkel von 45° (b) nach 10 s Elektropolitur mit Resist

sowie die mechanischen Bearbeitungsspuren auf der Oberfläche sind vollständig entfernt worden. Die Fasenbildung an den Kanten ist stärker ausgeprägt als bei Position 2. Die Abtragsrate, bestimmt aus der Differenz der Biegezungenbreite, beträgt an beiden Positionen 0,4 µm/s. Sie ist eng mit der Gratgeometrie verknüpft und nimmt ab, sobald der Grat entfernt wurde. Ein Einfluss der Stromdichte kann daraus nicht erkannt, aber auch nicht ausgeschlossen werden.

Das in Abb. 8-7 dargestellte Diagramm stellt die Abhängigkeit der Biegezungenbreite von der jeweiligen Bearbeitung an den zwei unterschiedlichen Positionen im Layout sowie an zwei unterschiedlichen Substraten dar. Die Ausprägung der Grate durch das Läppen ist zum einen abhängig von dem Läppprozess an sich, zum anderen von der Position der Strukturen im Layout. Die Grate sind umso ausgeprägter, je weiter sich die Strukturen in der Mitte des Layouts befinden. Obwohl alle Substrate in derselben Lösung mit identischen Parametern elektropoliert wurden, weisen sie unterschiedliche Abtragsraten auf. Nach der fünf Sekunden dauernden Elektropolitur liegen sie zwischen 1,4 µm/s bei Position 1 und 1,0 µm/s bei Position 2. Möglicherweise liegt dies am Einfluss der Stromdichte, die an den Ecken des Layouts höher ist und dort zu einem erhöhten Metallabtrag führt. Diese Positionsabhängigkeit kann bei der zehn Sekunden dauernden Elektropolitur nicht erkannt werden. Der Abtrag an Position 1 betrug 0,4 µm/s, an Position 2 0,7 µm/s. Der signifikante Unterschied der Abtragsraten in Abhängigkeit der Zeit wird auf die geometrischen Abmessungen der

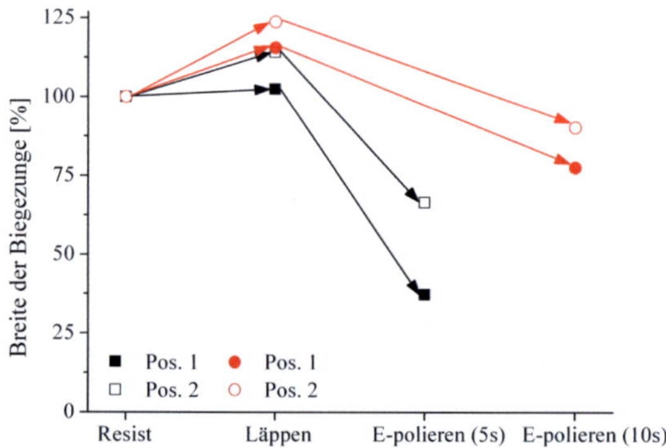

Abb. 8-7: Breite der Biegezunge in Abhängigkeit der Oberflächenbearbeitung und der Position auf dem Layout an eingebetteten RF-MEMS-Strukturen an zwei verschiedenen Substraten. Gültig nur für Biegezungenbreiten zwischen 8 µm und 12 µm

Grate, sowohl in der gemessenen lateralen als auch in der hier nicht bestimmten vertikalen Richtung zurückgeführt. Ab einer bestimmten Gratgeometrie, und daraus resultierend einem bestimmten Verhältnis von Breite zu Dicke, scheint der Einfluss der Stromdichte einen zweitrangigen Einfluss auf die Abtragsrate zu haben.

8.4.2 Elektropolieren freistehender RF-MEMS

Das Ergebnis der Elektropolitur an freistehenden, nicht mehr in Resist eingebetteten RF-MEMS-Strukturen ist in Abb. 8-8 dargestellt. Für die Berechnung des anzulegenden Stroms wurde die Fläche des LIGA-Fensters (1200 mm²) angenommen. Nach der 15 s dauernden Bearbeitung, zusammengesetzt aus fünf und zehn Sekunden, ist der gewollte Spalt zwischen Biegezunge und Fingerstrukturen an Position 2 vollständig geöffnet. Die durch das Läppen um 9 % verbreiterte Biegezunge verringerte sich nach den ersten fünf Sekunden der Elektropolitur auf 48 % der ursprünglichen Resist-

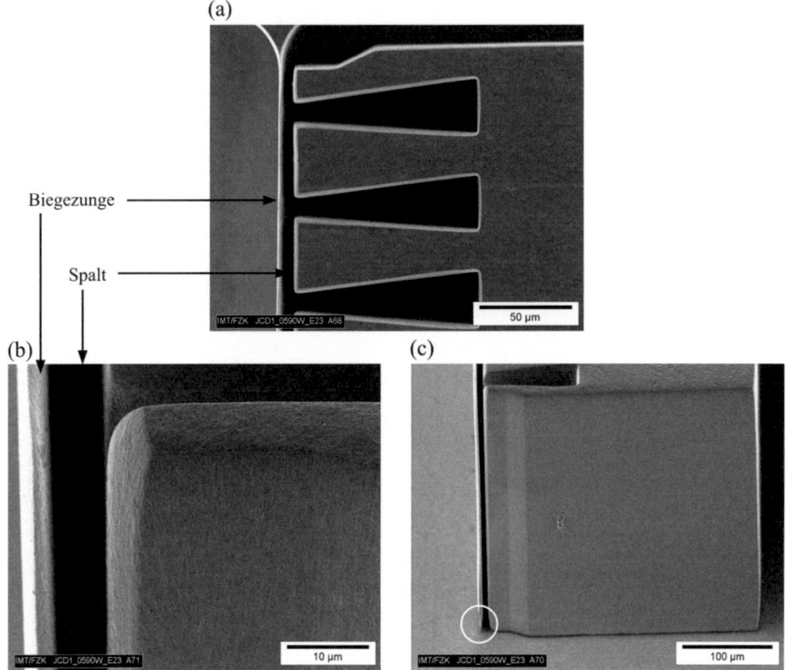

Abb. 8-8: Ausschnitt eines Biegezungen-Kondensators (Position 2) in der Draufsicht (a) und unter einem Winkel von 45° (b, c) nach 15 s Elektropolieren ohne Resist

Breite. Nach weiteren zehn Sekunden verringerte sie sich auf einen geschätzten Wert von 0,1 % (Abb. 8-8a). Ein Messen der Breite war nicht mehr möglich, da die Biegezunge nur noch in Fragmenten vorhanden war. Der massive Abtrag führte an allen Kanten, sowohl an der Oberseite der Strukturen als auch am Substratgrund vor allem im Bereich der Biegezunge, zu starken Verrundungen (Abb. 8-8b und c). Die Abtragsraten der ersten fünf Sekunden dauernden Elektropolitur lagen bei 1,4 µm/s, der Abtrag der anschließenden zehnsekündigen Bearbeitung lag bei 0,5 µm/s.

Die Rauheit der Oberfläche hat sich durch das Elektropolieren, trotz minimaler Poren-Bildung bedingt durch die Sauerstoffentwicklung, deutlich verbessert. Auch die Bearbeitungsspuren, hervorgerufen durch das Läppen, sind nahezu vollständig entfernt worden. Die ebenfalls elektropolierten Seitenwände sind, bis auf die Kantenverrundungen, gleichmäßig abgetragen worden.

Verglichen mit Position 1 ergibt sich an den Oberflächen und den Seitenwänden ein nahezu identisches Bild. Ein deutlicher Unterschied zeigt sich beim Entgraten. Die durch das Läppen erhalten gebliebene Breite der Biegezunge verringerte sich nach den ersten fünf Sekunden der Elektropolitur auf 10 % der ursprünglichen Resist-Breite. Nach weiteren zehn Sekunden Bearbeitung konnte die Breite der nur noch in Bruchstücken vorhandenen Biegezunge auf 0,1 % der anfänglichen Resist-Breite geschätzt werden. Verglichen mit Position 2 ist die Kantenverrundung um ein Vielfaches ausgeprägter. Die Abtragsraten liegen nach den ersten fünf Sekunden der Elektropolitur bei 1,8 µm/s, während der anschließenden zehn Sekunden bei 0,1 µm/s.

Die Entwicklung der Breite der Biegezungen in Abhängigkeit der verschiedenen Bearbeitungen sowie ihrer Position im Layout ist in Abb. 8-9 dargestellt. Der massive Materialabtrag nach fünf Sekunden an Position 1 ist durch die höheren Stromdichten, und die daraus resultierenden höheren Abtragsraten, an den Ecken des Layouts begründet. Der im weiteren Verlauf der Elektropolitur folgende, reduzierte Abtrag an Position 1 ergibt sich aus dem Zusammenhang zwischen Gratgeometrie und Abtragsrate. Ist der Grat entfernt, findet ausschließlich ein flächiger Abtrag statt, der mit dem hier verwendeten Messverfahren nicht erfasst werden kann.

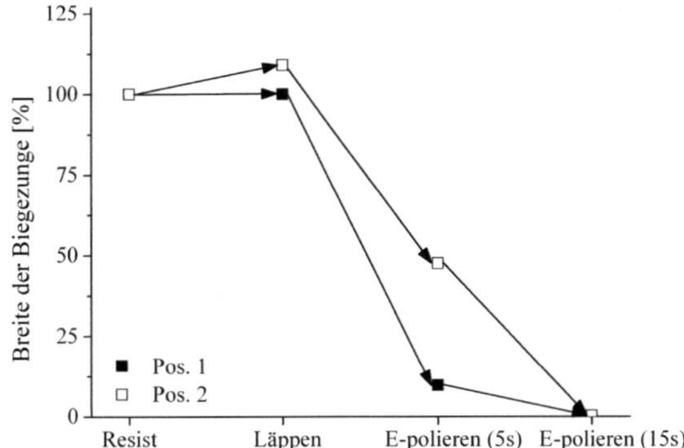

Abb. 8-9: Breite der Biegezunge in Abhängigkeit der Oberflächenbearbeitung und der Position auf dem Layout an freistehenden RF-MEMS-Strukturen. Gültig nur für Biegezungenbreiten zwischen 8 µm und 12 µm

8.5 Diskussion

Anhand der hier dargestellten Ergebnisse konnte gezeigt werden, dass es mit Hilfe des Elektropolierens möglich ist Oberflächenrauheiten an Mikrostrukturen zu verringern und Grate, entstanden durch eine mechanische Bearbeitung nach der galvanischen Abscheidung, zu reduzieren. Eine Einebnung zur Reduzierung der durch die galvanische Abscheidung entstandenen Formabweichungen konnte durch das Elektropolieren nicht erreicht werden. Im Gegenteil führte die Bearbeitung zu einer Verstärkung der Formabweichungen.

Der Materialabtrag erfolgte, über das gesamte Layout betrachtet wie es zu erwarten war, vorrangig an den Ecken und nahm kreisförmig zur Mitte hin ab. Ein bevorzugter Abtrag in Abhängigkeit der Mikrostrukturgröße konnte nicht beobachtet werden. Je nach Abscheidezustand lagen die mittleren Abtragsraten zwischen 3 µm/min (Technotrans) und 5 µm/min (Hega), wobei diese Zahlen lediglich als Richt- und nicht als Absolutwerte gewertet werden dürfen. Daraus resultiert eine Verbesserung der globale Planarität um 4 % bei den Hega-Strukturen und um 7 % bei den Technotrans-Strukturen, wobei auch hier die Zahlen wieder als Richtwerte zu sehen sind. Die durch das Elektropolieren resultierenden Oberflächen konnten mit dem Mikroskop nur bedingt vermessen werden.

Neben der Positionsabhängigkeit im Layout stiegen die Abtragsraten während des Entgratens weiter an, wenn die Mikrostrukturen freistehend ohne Resist elektropoliert wurden. So lagen die mittleren Abtragsraten an den RF-MEMS, elektropoliert mit Resist, bei 1,2 µm/s, elektropoliert ohne Resist, bei 1,6 µm/s. Mit fortschreitender Bearbeitungsdauer sanken die gemessenen Abtragsraten in beiden Fällen auf Werte zwischen 0,1 und 0,4 µm/s, abhängig von der Gratgeometrie. Neben der Abtragsrate ist auch die Maßhaltigkeit abhängig davon, ob die Strukturen eingebettet in Resist oder freistehend elektropoliert wurden. Die Kanten der eingebetteten Strukturen wurden durch das Elektropolieren angeschrägt und mit fortlaufender Bearbeitungsdauer im oberen Bereich der Mikrostrukturen verrundet. Die Maßhaltigkeit ist in diesem Bereich nicht mehr gewährleistet, konnte aber an den restlichen Bereichen erhalten werden. Sämtliche Kanten der freistehenden Strukturen, sowohl an den Oberflächen, den Seitenwänden und am Strukturgrund, wurden durch das Elektropolieren zum Teil so stark verrundet, dass die ursprüngliche Form nicht mehr erkannt werden konnte.

Auch die an den Mikroprüfkörpern untersuchten Oberflächenrauheiten haben sich durch das Elektropolieren stark verändert. Neben der Reduzierung der Pa-Werte an allen Strukturen wurden die Formabweichungen an den kleinen runden Strukturen mit einem Durchmesser von 1,2 mm verstärkt. So reduzierte sich, in Abhängigkeit der Position der Strukturen im Layout, der Pa-Wert an den rechteckigen Mikrostrukturen (10 auf 2 mm²) um bis zu 60 %, an den kleinen runden Mikrostrukturen erhöhte er sich um bis zu 130 % gegenüber dem Ausgangszustand. Neben der Abhängigkeit des Pa-Werts von der Größe der Mikrostruktur wird er auch durch die Position der Strukturen im Layout und durch den Abscheidezustand beeinflusst. Zum einen ist er umso geringer, je weiter er in der Mitte des Layouts liegt. Zum anderen weist er bis zu 50 % geringere Werte auf, wenn die Strukturen des Abscheidezustands Technotrans bearbeitet wurden. Die aus den PSD-Kurven berechneten Rq-Werte weisen keine der bei den Pa-Werten dargestellten Abhängigkeiten auf. Die Rq-Werte der Hega-Strukturen haben sich, verglichen mit dem Ausgangszustand, durch das Elektropolieren um 90 %, die der Technotrans-Strukturen um 80 % verbessert.

Die Handhabung der Substrate war problemlos. Lediglich mit einem erhöhten Zeitaufwand muss beim Ein- und Auskleben in bzw. aus der Halterung gerechnet werden. Des Weiteren kann das Elektropolieren in jedem chemischen Labor durchgeführt werden.

9 Gegenüberstellung der untersuchten Verfahren

Mit Hilfe der im Rahmen dieser Arbeit untersuchten Verfahren, dem chemisch-mechanischen Planarisieren (CMP), dem Plasmapolieren und dem Elektropolieren, konnten die Oberflächen von Nickel-Mikrostrukturen nach der Galvanoformung mit unterschiedlichen Erfolgen bearbeitet werden. Tabelle 9-1 stellt eine Zusammenfassung der Ergebnisse, verglichen mit dem Ausgangszustand nach der Galvanoformung, hinsichtlich der untersuchten Parameter Form, Planarität und Rauheit in Abhängigkeit der unterschiedlichen, anlagenbedingten Abscheidezustände und der daraus resultierenden Härten der Nickel-Strukturen dar. Die Charakterisierung der Rauheit erfolgte durch den arithmetischen Mittenrauwert Pa, berechnet aus dem Primärprofil, sowie den quadratischen Rauhwert Rq, berechnet aus den Kurven der spektralen Leistungsdichte zwischen den Ortsfrequenzen 1,42 μm^{-1} und 15 μm^{-1}.

Die Maßhaltigkeit der durch das CMP bearbeiteten Strukturen konnte dadurch erhalten werden, dass die Strukturen während der Bearbeitung weiterhin in Resist eingebettet waren. Die Kantentreue konnte, in Abhängigkeit der Strukturhärte, für die weicheren Hega-Strukturen erhalten werden. Das CMP an den härteren Technotrans-Strukturen führte, aufgrund einer notwendigen höheren Anpresskraft zwischen Substrat und Polierpad, zu einer massiven Gratbildung an den Kanten und Ecken der Strukturen.

Beim Plasmapolieren wurden die Mikrostrukturen verfahrensbedingt ohne Resist bearbeitet. Dadurch erfolgte der Nickelabtrag nicht nur an der Oberfläche sondern auch an den Seitenwänden. Da der Abtrag von der Härte der Strukturen abhängig ist, konnte die Maßhaltigkeit bei den härteren Technotrans-Strukturen, bedingt durch einen geringen Abtrag der Seitenwände, erhalten werden. Die weicheren Hega-Strukturen hingegen wurden auch an den Seitenwänden stark abgetragen wodurch die Maßhaltigkeit nicht erhalten blieb. In beiden Fällen wurden die Kanten der Strukturen, sowohl an ihrer Ober- als auch an ihrer Unterseite, verstärkt abgetragen und verrundeten dadurch.

Auch beim Elektropolieren konnte die Maßhaltigkeit erhalten werden, wenn die Strukturen eingebettet in Resist bearbeitet wurden. Der Abtrag erfolgte ausschließlich an der Oberfläche, wobei die Kanten verstärkt abgetragen wurden. Die daraus

Tab. 9-1: Bewertung der untersuchten Verfahren hinsichtlich Form, Planarität und Rauheit gegenüber dem Ausgangszustand nach der Galvanoformung in Abhängigkeit der anlagenbedingten Abscheidezustände Hega und Technotrans (TT)

	CMP (Hega / TT)	Plasmapolieren (Hega / TT)	Elektropolieren (Hega / TT)	Läppen und Elektropolieren	
Bearbeitung erfolgte	mit Resist	ohne Resist	mit Resist	mit Resist	ohne Resist
Maßhaltigkeit	o / o	- / o	o / o	o	-
Kantentreue	o / -	- / -	- / -	-	-
globale Planarität	+ / +	+ / +	o / o		
Pa	+ / +	+ / +	+ - / + -*		
Rq	+ / +	+ / +	+ / +		

+ Verbesserung; o keine Veränderung; - Verschlechterung gegenüber dem Ausgangszustand
*in diesem Fall auch abhängig von der Strukturgröße: die erste Stelle gilt für Strukturgrößen > Messstrecke (1000 µm), die zweite Stelle gilt für Strukturgrößen ≈ Messstrecke

resultierende Kantenverrundung nimmt mit steigender Bearbeitungsdauer zu, wodurch die Kantentreue beim Elektropolieren nicht erhalten werden kann. Dasselbe gilt auch für die Kanten der Strukturen, die ohne Resist elektropoliert wurden. Zusätzlich zu den Kanten der Strukturoberseite verrunden durch den seitlichen Abtrag auch die Kanten der Strukturunterseite. Ebenfalls bedingt durch den Abtrag an den Seitenwänden kann die Maßhaltigkeit der Strukturen, die ohne Resist elektropoliert wurden, nicht erhalten werden.

Die globale Planarität konnte, unabhängig von der Härte der Strukturen, nur durch das CMP verbessert werden. Das Plasmapolieren führte zu einer minimalen Verbesserung der globalen Planarität, durch das Elektropolieren wurde die globale Planarität weder verbessert noch verschlechtert.

Auch die Veränderung der Rauheit ist nicht von der Härte der Strukturen abhängig. Die Pa-Werte zeigen sowohl beim CMP als auch beim Plasmapolieren eine Verbesserung. In Abhängigkeit der Größe der Mikrostruktur führte das Elektropolieren an den großen Strukturen zu einer Verbesserung, an den kleineren Strukturen zu einer Verschlechterung der Pa-Werte. Die Rq-Werte zeigen bei allen untersuchten Verfahren eine deutliche Verbesserung.

10 Zusammenfassung und Ausblick

LIGA-Mikrostrukturen weisen prozessbedingt nach der Galvanoformung neben rauen Oberflächen auch eine ungleichmäßige Schichtdickenverteilung auf, die Funktionalität der Strukturen wird dadurch häufig eingeschränkt. Zur Verringerung der Rauheiten und Reduzierung der Schichtdickeninhomogenitäten können unterschiedliche Verfahren eingesetzt werden. Im Rahmen dieser Arbeit wurde ein chemisches sowie zwei elektrochemische Verfahren zur Endbearbeitung von metallischen Oberflächen nach der Galvanoformung auf ihre Eignung hin untersucht. Das chemisch-mechanische Planarisieren (CMP), das Plasmapolieren und das Elektropolieren wurden hinsichtlich der Homogenisierung der Schichtdicke (globale Planarität), der Reduzierung der Rauheiten (Pa- und Rq-Werte) sowie dem Erhalt der Maßhaltigkeit an galvanogeformten Nickel-Mikrostrukturen untersucht. Die betrachteten Mikrostrukturen, Mikroprüfkörper unterschiedlicher Größe, wurden aus zwei verschiedenen Anlagentypen galvanogeformt. Die daraus resultierenden Strukturen unterschieden sich um 80 HV 0,1 in ihrer Härte. Inwieweit dieser Härteunterschied einen Einfluss auf die erreichbaren Oberflächenqualitäten hat wurde ebenfalls untersucht. Neben den oben dargestellten Verfahren wurde zusätzlich eine mechanisch-elektrochemische Verfahrenskombination (Läppen und Elektropolieren) hinsichtlich der Homogenisierung der Schichtdicken sowie der Entfernung der durch die mechanische Bearbeitung entstandenen Grate an Biegezungenkondensatoren aus Nickel untersucht.

Während die Schichtdickenverteilung und die Maßhaltigkeit mit Hilfe üblicher Methoden charakterisiert werden konnten, gestaltete sich die vergleichende Rauheitsbestimmung an Mikrostrukturen unterschiedlicher Größe durch bekannte bzw. genormte Verfahren als nicht praktikabel. Abhängig von den geometrischen Abmessungen der jeweiligen Mikrostrukturen geht die Schichtdickenverteilung, im Folgenden Formabweichung genannt, zu unterschiedlichen Anteilen mit in die Rauheitsmessung ein. Dies macht einen sinnvollen Vergleich von Rauheitswerten unterschiedlich großer Mikrostrukturen unmöglich. Um die Rauheitswerte solcher Mikrostrukturen sinnvoll miteinander vergleichen zu können, muss die Formabweichung zuverlässig von der Rauheit getrennt werden. Dafür wurde im Rahmen dieser Arbeit eine neue Herangehensweise entwickelt.

Oberflächenprofile, aufgenommen mit Hilfe eines Tastschnittgerätes bei einem möglichst kleinen Tastspitzenradius sowie möglichst hoher Messpunktdichte, wurden als Leistungsdichtespektrum aufgetragen. Bekannt ist, dass den niedrigen Ortsfrequenzen die Formabweichungen, den hohen Ortsfrequenzen die Rauheiten zuzuordnen sind. Eine feste Grenzfrequenz zur Trennung dieser beiden Gestaltabweichungen wird in der Literatur nicht genannt. Zusätzlich kann der Rq-Wert über die Leistungsdichte-Kurve zwischen zwei Ortsfrequenzen berechnet werden. Im Rahmen dieser Arbeit wurde festgestellt, dass die Trennung von Form und Rauheit nicht durch Festlegung einer konstanten Grenzfrequenz erfolgen kann. Dazu variieren die Steigungen der PSD-Kurven, abhängig von Größe und Oberflächenzustand der Mikrostrukturen, zu stark. Durch eine experimentelle Herangehensweise wurde ermittelt, dass eine sinnvolle Grenzfrequenz zur Trennung von Form und Rauheit die Ortsfrequenz ist, für welche die PSD-Kurve den Wert $2 \cdot 10^{-4}\ \mu m^3$ annimmt. So konnten die daraus berechneten Rq-Werte, unabhängig von den geometrischen Abmessungen der unterschiedlichen Mikrostrukturen, sinnvoll miteinander verglichen werden. Um die in dieser Arbeit erstmals auf eine bestimmte Mikrostrukturenklasse angewendete Methode als universelle Methode verwenden zu können, muss in weiteren Arbeiten die Übertragbarkeit dieses charakteristischen PSD-Wertes von $2 \cdot 10^{-4}\ \mu m^3$ auf andere Messbedingungen sowie andere Materialien untersucht werden.

Die Bearbeitung von Nickel-Mikroprüfkörpern durch die elektrochemischen Verfahren Plasmapolieren und Elektropolieren führte lediglich zu einer Reduzierung der Rq-Werte. Eine Einebnung der inhomogenen Schichtdicken wurde nicht erreicht. Die Maßhaltigkeit konnte, bis auf eine Verrundung der Kanten, erhalten werden, sofern die Strukturen in Resist eingebettet bearbeitet wurden. Abhängig von der Härte der Strukturen konnte die Maßhaltigkeit in den meisten Fällen auch bei freistehenden, ohne Resist plasmapolierten harten Mikroprüfkörpern erhalten werden. Die Mechanismen, die beim Plasmapolieren von härteren Strukturen zu einem geringeren Materialabtrag und so zu einem Erhalt der Maßhaltigkeit führen, konnten im Rahmen dieser Arbeit nicht untersucht werden. Da sich auch in der Literatur kein Hinweis auf eine Erklärung dieses Effekts findet, und die Härte eine bestimmende Größe zu sein scheint, besteht der Bedarf, die grundlegenden Mechanismen des Plasmapolierens an Mikrostrukturen weiter zu untersuchen. Sind die Mechanismen verstanden lässt sich bei anderen Materialien oder Materialeigenschaften leicht eine Aussage treffen, ob das Plasmapolieren eine Möglichkeit darstellt, die Qualität der Oberfläche zu verbessern.

Die Bearbeitung der Nickel-Mikroprüfkörper durch das chemisch-mechanische Planarisieren erfüllt alle der einleitend genannten Forderungen. Die globale Planarität wurde um bis zu 80 %, hier auf eine maximale Höhendifferenz von 13 µm über das gesamte Substrat, reduziert. Ebenso erfolgreich war die Verringerung der Rauheiten um nahezu 100 % auf Werte im unteren Nanometerbereich. Auch die durch das LIGA-Verfahren erzeugte Maßhaltigkeit und Kantentreue kann durch das CMP erhalten werden. Voraussetzung für eine erfolgreiche Bearbeitung war die Verwendung der weicheren Nickel-Strukturen. Wurden die härteren Strukturen durch das CMP bearbeitet, erfolgte neben der Reduzierung der globalen Planarität und der Rauheit, eine massive Gratbildung an den Kanten der Strukturen, so dass die Maßhaltigkeit verloren ging. Der Grund für diese massive plastische Deformation lag in dem stark verringerten Materialabtrag der härteren Strukturen, der eine Erhöhung der Anpresskraft zwischen Substrat und Polierpad erforderlich machte, um eine sinnvolle Bearbeitungsdauer zu erreichen. Dadurch wurden die Strukturen ausschließlich durch den mechanischen, und weniger durch den chemischen Prozess abgetragen. Um auch mit härteren Strukturen sehr gute Ergebnisse hinsichtlich globaler Planarität, Rauheit und vor allem Maßhaltigkeit zu erzielen, muss die Poliersuspension, die sich aus einer Vielzahl chemischer Komponenten und abrasiver Partikeln zusammensetzt, optimal auf das zu bearbeitenden Material angepasst sein. Daraus resultiert in dem hier vorliegenden Fall, dass der chemische Abtrag der Suspension weiter erhöht werden muss. Um der aufwendigen Entwicklung einer Poliersuspension zu entgehen, kann auch der Anpressdruck auf die härteren Strukturen verringert werden, was allerdings zu längeren Bearbeitungsdauern führt.

Ein alternatives Verfahren, das ebenfalls zu einer Einebnung der Schichtdicken führt, ist die Kombination des Läppens mit dem Elektropolieren, das an Nickel-RF-MEMS Strukturen untersucht wurde. Durch den Läppprozess werden die Schichtdicken innerhalb einer Bearbeitungsdauer von maximal einer Stunde homogenisiert. Der Prozess birgt allerdings das Risiko, dass abhängig von der Beschaffenheit des Substratgrunds Strukturen mit einem großen Aspektverhältnis durch die wirkenden Scherkräfte vom Substrat abgelöst werden. Darüberhinaus führt dieser rein mechanische Prozess zu der Entstehung von Graten, die mit Hilfe des Elektropolierens innerhalb weniger Sekunden entfernt werden können. Durch das Elektropolieren der noch in Resist eingebetteten Strukturen bleibt die Maßhaltigkeit erhalten. Allerdings muss mit steigender Elektropolierdauer eine Verrundung der Kanten in Kauf genommen werden.

Damit stehen, abhängig von der erforderlichen Oberflächenqualität und dem Aspektverhältnis der Strukturen, zwei Verfahren zur Auswahl, um die Rauheiten zu verringern und die Schichtdicken einzuebnen. Strukturen, die neben einer gleich bleibenden Schichtdicke über das gesamte Layout auch eine sehr geringe Rauheit bei gleichzeitigem Erhalt der Maßhaltigkeit benötigen, müssen mittels CMP bearbeitet werden. Dazu sollte eine geeignete Kombination von Materialzustand, Anpresskraft und Poliersuspension gewählt werden. Die Bearbeitungsdauer richtet sich dann nach dem notwendigen Materialabtrag. Mit den im Rahmen dieser Arbeit verwendeten Parametern und Verbrauchsmaterialien können Abtragsraten von bis zu 6 µm/h erreicht werden. Strukturen, deren Oberflächenrauheit und Kantentreue von geringerem Interesse ist, werden durch die Kombination Läppen und Elektropolieren eingeebnet. Dabei ist zu beachten, dass es bei großen Aspektverhältnissen aufgrund der auftretenden mechanischen Belastungen zu einer Ablösung der Strukturen vom Substratgrund kommen kann.

Beide Verfahren können aufgrund der am Abtrag maßgeblich beteiligten Chemie, beim CMP in der Poliersuspension, beim Elektropolieren im Elektrolyten, nur nach entsprechender, individueller Optimierung auf andere Materialien übertragen werden.

Mit den im Rahmen dieser Arbeit zur Endbearbeitung von Mikrostrukturen geeigneten ermittelten Verfahren stehen erstmals erprobte und aussichtsreiche Möglichkeiten zur Verfügung, die Oberflächen von Mikrostrukturen einzuebnen und Rauheiten im Nanometerbereich zu erzielen. Die vergleichende Bewertung der Oberflächengüten mittels Auswertung gemessener PSD-Kurven ermöglicht die nach Form und Rauheit getrennte Bewertung von Oberflächeneigenschaften an Mikrostrukturen, für die bisher kein brauchbarer Ansatz vorlag.

A Literaturverzeichnis

[Ach2000] Achenbach, S.; Pantenburg, F. J.; Mohr, J.: *Optimierung der Prozeßbedingungen zur Herstellung von Mikrostrukturen durch ultratiefe Röntgenlithographie (UDXRL)*. Universität Karlsruhe, Institut für Mikrostrukturtechnik, Diss., 2000.

[Akt2005] Aktaa, J.; Reszat, J. T.; Walter, M.; Bade, K.; J.Hemker, K.: High cycle fatigue and fracture behavior of LIGA Nickel. In: *Scripta Materialia* 52 (2005), Nr. 12, S. 1217-1221.

[And2006] Andryushchenko, T. N.; Miller, A. E.; Fischer, P. B.: Long wavelength roughness optimization during thin Cu film electropolish. In: *Electrochemical and Solid State Letters* 9 (2006), Nr. 11, S. C181-C184.

[Aze2010] Azevedo, C. R. F.; Marques, E. R.: Three-dimensional analysis of fracture, corrosion and wear surfaces. In: *Engineering Failure Analysis* 17 (2010), Nr. 1, S. 286-300.

[Bar2004] Bartha, J. W.; Bormann, T.; Estel, K.; Zeidler, D. (Hrsg.); Materials Research Society (Veranst.): *Assessment of planarization length variation by the Step-Polish-Response (SPR) Method* (MRS Spring Meeting 2004), San Francisco (CA): Materials Research Society.

[Bec1986] Becker, E. W.; Ehrfeld, W.; Hagmann, P.; Maner, A.; Münchmeyer, D.: Fabrication of microstructures with high aspect ratios and great structural heights by synchrotron radiation lithography, galvanoforming, and plastic moulding (LIGA process). In: *Microelectronic Engineering* 4 (1986), Nr. 1, S. 35-56.

[Bec2010] http://www.beckmann-institut.de/plasmapolieren.html. – Aktualisierungsdatum: 11.05.2010. – mailto: plp@beckmann-institut.de. – Oelsnitz

[Ben1992] Bennett, Jean M.: Recent developments in surface roughness characterization. In: *Measurement Science and Technology* 3 (1992), S. 1119-1127.

[Bin1986] Binnig, G.; Quate, C. F.; Gerber, Ch: Atomic Force Microscope. In: *Physical Review Letters* 56 (1986), Nr. 9, S. 930-933.

[Bör1996] Börner, M. W.; Kohl, M.; Pantenburg, F. J.; Bacher, W.; Hein, H.; Schomburg, W. K.: Sub-micron LIGA process for movable microstructures. In: *Microelectronic Engineering* 30 (1996), Nr. 1-4, S. 505-508.

[Buh2009] Buhlert, Magnus: *Elektropolieren*. Bad Saulgau: Eugen G. Leuze Verlag, 2009.

[Bur2008] Burkhard, Craig D.: Consumables For Advanced Shallow Trench Isolation (STI). In: Li, Yuzhuo (Hrsg.): *Microelectronic Applications of Chemical Mechanical Planarization*. Hoboken (New Jersey): John Wiley & Sons, Inc., 2008, S. 369-400.

[Che2008]   Cheemalapati, Krishnayya; Keleher, Jason; Li, Yuzhuo: Key Chemical Components In Metal CMP Slurries. In: Li, Yuzhuo (Hrsg.): *Microelectronic Applications of Chemical Mechanical Planarization.* Hoboken (New Jersey): John Wiley & Sons, Inc., 2008, S. 201-248.

[Chu2000]   Chu, Chih-Hsing; Dornfeld, David: Tool Path Planning for Avoiding Exit Burrs. In: *Journal of Manufacturing Processes* 2 (2000), Nr. 2, S. 116-123.

[Con2008]   Conroy, M.; Mansfield, D.: Scanning Interferometry: Measuring microscale devices. In: *Nature Photonics* 2 (2008), Nr. 11, S. 661-663.

[Det1964]   Dettner, H. W.; Elze, J.: *Handbuch der Galvanotechnik.* München: Carl Hanser Verlag, 1964.

[DIN1982]   Norm DIN 4760: 1982. *Gestaltabweichungen – Begriffe, Ordungs- systeme.*

[DIN1998]   Norm DIN EN ISO 4287: 1998. *Oberflächenbeschaffenheit: Tastschnitt- verfahren – Benennung, Definition und Kenngrößen der Oberflächen- beschaffenheit.*

[DIN2008]   Norm DIN EN ISO 25178: 2008. *Geometrische Produktspezifikation – Oberflächenbeschaffenheit: Flächenhaft.*

[DIN1997]   Norm DIN EN ISO 3274: 1997. *Oberflächenbeschaffenheit: Tastschnit- tverfahren – Nenneigenschaften von Tastschnittgeräten.*

[Dob2007]   Dobrev, T.; Pham, D.T.; Dimov, S.S. (Hrsg.); 4M Network of Excellence (Veranst.): *Electro-chemical polishing: a technique for surface improvements after laser milling* (Multi-Material Micro Manufacture (4M) 2007), Borovets, Bulgarien: Whittles Publishing.

[Dor2007]   Dornfeld, David; Lee, Dae-Eun: *Precision Manufacturing.* Berlin: Springer-Verlag, 2007.

[Du2004]   Du, Tianbao; Vijayakumar, Arun; Sundaram, Kalpathy B.; Desai, Vimal: Chemical mechanical polishing of nickel for applications in MEMS devices. In: *Microelectronic Engineering* 75 (2004), Nr. 2, S. 234-241.

[Dur1979]   Duradzhi, V. N.; Bryantsev, I. V.; Tokarov, A. K.: Investigation of erosion of the anode under the action of an electrolytic plasma on it (auf Russisch). In: *Elektronnaya Obrabotka Materialov* 5 (1979), Nr. 15-19.

[Eco2008]   Economikos, Laertis: Planarization Technologies Involving Electrochemical Reactions. In: Li, Yuzhuo (Hrsg.): *Microelectronic Applications of Chemical Mechanical Planarization.* Hoboken (New Jersey): John Wiley & Sons, Inc., 2008, S. 319-344.

[Els1995]   Elson, J. M.; Bennett, J. M.: Calculation of the Power Spectral Density from Surface Profile Data. In: *Applied Optics* 34 (1995), Nr. 1, S. 201- 208.

[Fis1954] Fischer, Hellmuth: *Elektrolytische Abscheidung und Elektrokristallisation von Metallen.* Berlin: Springer-Verlag, 1954.

[Gat2007] Gatzen, H. H.; Cvetkovic, S.: Modellierung des CMP-Prozesses zum Planarisieren von Mikrosystemen. In: Hoffmeister, Hans-Werner; Denkena, Berend (Hrsg.): *Jahrbuch Schleifen, Honen, Läppen und Polieren.* Essen: Vulkan-Verlag, 2007, S. 342-361.

[Ger2006] Gerlach, Gerald; Dötzel, Wolfram: *Einführung in die Mikrosystemtechnik.* Leipzig: Fachbuchverlag (im Carl Hanser Verlag), 2006.

[Gil1976] Gillespie, L. K.; Blotter, P. T.: The Formation and Properties of Machining Burrs. In: *Journal of Engineering for Industry* 98 (1976), Nr. 3, S. 66-74.

[God2006] Goods, S. H. ; Kelly, J. J.; Talin, A. A.; Michael, J. R.; Watson, R. M.: Electrodeposition of Ni from Low-Temperature Sulfamate Electrolytes. In: *Journal of The Electrochemical Society* 153 (2006), Nr. 5, S. C322-C331.

[Guc1998] Guckel, H.: High-aspect-ratio micromachining via deep X-ray lithography. In: *Proceedings of the IEEE* 86 (1998), Nr. 8, S. 1586-1593.

[Hal2004] Haluzan, D.: *Microwave LIGA-MEMS Variable Capacitors.* University of Saskatchewan, Department of Electrical Engineering, Master, 2004.

[Hei2010] Heisel, U.; Schaal, M.; Wolf, G.: Influence of Minimum Quantity Lubrication an Burr Formation in Milling. In: Aurich, J. C.; Dornfeld, David (Hrsg.): *Burrs – Analysis, Control and Removal.* Berlin: Springer-Verlag, 2010, S. 139-146.

[Hel2006] Heldt, Eberhard: Prioritäten setzen – Rauheit an kleinen Flächen richtig tolerieren und messen. In: *QZ Qualität und Zuverlässigkeit* 51 (2006), Nr. 5, S. 80-84.

[Hor2006] Horsch, Ch.; Schulze, V.; Löhe, D.: Deburring and surface conditioning of micro milled structures by micro peening and ultrasonic wet peening. In: *Microsystem Technologies* 12 (2006), Nr. 7, S. 691-696.

[Hoy1986] Schutzrecht DD 238 074 A1 (1986). – Verfahren zum Hochglänzen stromleitender Werkstücke im anodischen Elektrolytplasma

[Hun2006] Hung, Jung-Chou; Yan, Biing-Hwa; Liu, Hung-Sung; Chow, Han-Ming: Micro-hole machining using micro-EDM combined with electropolishing. In: *Journal of Micromechanics and Microengineering* 16 (2006), Nr. 8, S. 1480-1486.

[imt2010] Institut für Mikroproduktionstechnik: http://www.imt.uni-hannover.de/. – Aktualisierungsdatum: 11.05.2010. – mailto: imt@imt.uni-hannover.de. – Universität Hannover

[Jac1935] Jacquet, Pierre: Sur une nouvelle methode d'obtention de surfaces metalliques parfaitment polies. In: *Academie des Sciences* (Sitzung vom 30.12.1935) (1935), Nr. 1473-1475.

[Jeo2009]   Jeong, Young Hun; HanYoo, Byung; Lee, Han Ul; Min, Byung-Kwon; Cho, Dong-Woo; Lee, Sang Jo: Deburring microfeatures using micro-EDM. In: *Journal of Materials Processing Technology* 209 (2009), Nr. 14, S. 5399-5406.

[Jia2007]   Jiang, X.; Scott, P. J.; Whitehouse, D. J.; Blunt, L.: Paradigm shifts in surface metrology. Part II. The current shift. In: *Proceedings of the Royal Society a-Mathematical Physical and Engineering Sciences* 463 (2007), Nr. 2085, S. 2071-2099.

[Kan2000]   Kanani, Nasser: *Galvanotechnik. Grundlagen, Verfahren, Praxis.* München: Carl Hanser Verlag, 2000.

[Kef2008]   Keferstein, C. P.; Dutschke, W.: *Fertigungsmesstechnik: Praxis-orientierte Grundlagen, moderne Messverfahren.* Wiesbaden: Teubner Verlag, 2008.

[Kly2007]   Klymyshyn, D. M.; Haluzan, D. T.; Boerner, M.; Achenbach, S.; Mohr, J.; Mappes, T.: High Aspect Ratio Vertical Cantilever RF-MEMS Variable Capacitor. In: *IEEE Microwave and Wireless Components Letters* 17 (2007), Nr. 2, S. 127-129.

[Kou2003]   Kourouklis, C.; Kohlmeier, T.; Gatzen, H. H.: The application of chemical-mechanical polishing for planarizing a SU-8/permalloy combination used in MEMS devices. In: *Sensors and Actuators A: Physical* 106 (2003), Nr. 1-3, S. 263-266.

[Kün2007]   Künzler, Tobias P.: *Surface Morphology Gradients.* Universität Zürich, Swiss Federal Institute of Technology, Diss., 2007.

[Lan1987]   Landolt, D.: Fundamental aspects of electropolishing. In: *Electrochimica Acta* 32 (1987), Nr. 1, S. 1-11.

[Lee2007]   Lee, C. H.; Jiang, K.; Davies, G. J.: Sidewall roughness characterization and comparison between silicon and SU-8 microcomponents. In: *Materials Characterization* 58 (2007), Nr. 7, S. 603-609.

[Ley1995]   Leyendecker, K.; Bacher, W.; Bade, K.; Stark, W.: *Untersuchungen zum Stofftransport bei der Galvanoformung von LIGA-Mikrostrukturen.* Universität Karlsruhe, Institut für Mikrostrukturtechnik, Diss., 1995.

[Li2000]   Li, Y.; Gracewski, S. M.; Funkenbusch, P. D.; Ruckman, J. (Hrsg.); Optical Society of America (Veranst.): *Chatter simulation and stability predictions for contour grinding of optical glasses* (Optical Fabrication and Testing (OFT)), Québec City, Canada: Optical Society of America.

[Li2008]   Li, Yuzhuo: Why CMP? In: Li, Yuzhuo (Hrsg.): *Microelectronic Applications of Chemical Mechanical Planarization.* Hoboken (New Jersey): John Wiley & Sons, Inc., 2008, S. 1-24.

[Lin2006]   Schutzrecht DE 102 07 632 B4 (2006). – Verfahren zum Plasmapolieren von Gegenständen aus Metall und Metalllegierungen

[Mad2002]   Madou, Marc J.: *Fundamentals of Microfabrication: The Science of Miniaturization.* Boca Raton (Florida): CRC Press, 2002.

[Mai1978]   Maier, Kurt: *Analyse oberflächennaher Bereiche – Entwicklung und Anwendung einer neuen 'Absolutmethode' zur Abtragung dünner Schichten durch Elektropolieren.* Universität Stuttgart, Institut für Werkstoffwissenschaften, Diss., 1978.

[Mar2008]   Marinello, F.; Bariani, P.; Savio, E.; Horsewell, A.; De Chiffre, L.: Critical factors in SEM 3D stereo microscopy. In: *Measurement Science & Technology* 19 (2008), Nr. 6, S. 1-12.

[Mar2002]   Marx, Egon; Malik, Igor J.; Strausser, Yale E.; Bristow, Thomas; Poduje, Noel; Stover, John C.: Power spectral densities: A multiple technique study of different Si wafer surfaces. In: *Journal of Vacuum Science & Technology B: Microelectronics and Nanometer Structures* 20 (2002), Nr. 1, S. 31-41.

[Mat2003]   Materna-Morris, E.; Lakota, N.; Merkel, T.; Mücke, U.; Scherer, St.; Walter, M.: Methodenvergleich zur quantitativen Fraktographie. In: *Praktische Metallographie* 40 (2003), Nr. 6, S. 273-286.

[Men2005]   Menz, W.; Mohr, J.; Paul, O.: *Mikrosystemtechnik für Ingenieure.* Weinheim: Wiley-VCH, 2005.

[Nev2001]   Nevyantseva, R. R.; Gorbatkov, S. A.; Parfenov, E. V.; Bybin, A. A.: The influence of vapor-gaseous envelope behavior on plasma electrolytic coating removal. In: *Surface and Coatings Technology* 148 (2001), Nr. 1, S. 30-37.

[Pad2003]   Padhi, D.; Yahalom, J.; Gandikota, S.; Dixit, G.: Planarization of Copper Thin Films by Electropolishing in Phosphoric Acid for ULSI Applications. In: *Journal of The Electrochemical Society* 150 (2003), Nr. 1, S. G10-G14.

[Par2005]   Park, J. I.; Ko, S. L.; Hanh, Y. H.; Baron, Y. M.: Effective Deburring of Micro Burr Using Magnetic Abrasive Finishing Method. In: *Key Engineering Materials – Advances in Abrasive Technology VIII* 291-292 (2005), S. 259-264.

[Pit2003]   Pitcher, C. M. (Hrsg.); Institute for Microelectronics Interconnection (Veranst.): *A history of nickel-iron (NiFe) CMP as used in the magnetic heads industry* (Eighth International Conference on Chemical-Mechanical Polish (CMP) Planarization for ULSI Multilevel Interconnection (CMP-MIC) 2003), Marina Del Ray, California: Institute for Microelectronics Interconnection.

[Pre1992]   Press, William H.; Teukolsky, Saul A.; Vetterling, William T.; Flannery, Brian P.: *Numerical recipes in C: The Art of Scientific Computing.* New York (USA): Cambridge Univ. Press, 1992.

[Pre1927]   Preston, F. W.: The Theory and Design of Plate Glass Polishing. In: *Society of Glass-Technologie Journal* 11 (1927), Nr. 42, S. 214-256.

[Rak2005]   Schutzrecht RU 2260079 (2005). – Method of combined treatment of parts made from aluminum and its alloys

[Riv2009]   Riveros, R. E.; Yamaguchi, H.; Mitsuishi, I; Takagi, U.; Ezoe, Y.; Kato, F.; Sugiyama, S.; Yamasaki, N.; Mitsuda, K. (Hrsg.); (Veranst.): *Magnetic field assisted finishing of ultra-lightweight and high-resolution MEMS x-ray micro-pore optics* (EUV and X-Ray Optics: Synergy between Laboratory and Space), Prag, Tschechien: Proc. of SPIE, Vol. 7360.

[Sai2009]   Saile, Volker: Introduction: LIGA and its Applications. In: Saile, Volker; Wallrabe, Ulrike; Tabata, Osamu; Korvink, Jan G (Hrsg.): *LIGA and its Applications*. Weinheim: Wiley-VCH Verlag GmbH & Co. KGaA, 2009, S. 1-10.

[Sch1999]   Schaller, T.; Bohn, L.; Mayer, J.; Schubert, K.: Microstructure grooves with a width of less than 50 µm cut with ground hard metal micro end mills. In: *Precision Engineering* 23 (1999), Nr. 4, S. 229-235.

[Sch2009]   Schwaiger, Ruth; Reszat, Jan-Thorsten; Bade, Klaus; Aktaa, Jarir; Kraft, Oliver: A combined microtensile testing and nanoindentation study of the mechanical behavior of nanocrystalline LIGA Ni–Fe. In: *International Journal of Materials Research* 100 (2009), Nr. 1, S. 68-75.

[Shi1974]   Shigolev, P. V.: *Electrolytic and Chemical Polishing of Metals*. Tel-Aviv: Freund Publishing House, 1974.

[Shi2008]   Shivareddy, S.; Bae, S. E.; Brankovic, S. R.: Cu surface morphology evolution during electropolishing. In: *Electrochemical and Solid State Letters* 11 (2008), Nr. 1, S. D13-D17.

[Sin2002]   Singh, Rajiv K.; Bajaj, R.: Advances in Chemical Mechanical Planarization. In: *MRS Bulletin* 27 (2002), Nr. 10, S. 743-751.

[Sni1996]   Sniegowski, Jeffry J.: Chemical-mechanical polishing: enhancing the manufacturability of MEMS. In: *Proceedings of SPIE* 1879 (1996), Nr. 104-115.

[Spi1909]   Schutzrecht DE 225873 (1909). – Verfahren, den Oberflächen von Metallen und galvanischen Metallniederschlägen ein glänzend poliertes Aussehen zu geben

[Sun2005]   Suni, Ian I.; Du, Bing: Cu Planarization for ULSI Processing by Electrochemical Methods: A Review. In: *IEEE Transactions on Semiconductor Manufacturing* 18 (2005), Nr. 3, S. 341-349.

[Teg1959]   Tegart, W. J.: *The Electrolytic and Chemical Polishing of Metals in research and industry*. Oxford: Pergamon Press, 1959.

[Tho1969]   Thomas, John B.: *An Introduction to Statistical Communication Theory*. New York: John Wiley & Sons, 1969.

[Tho1981]   Thomas, T. R.: Characterization of surface roughness. In: *Precision Engineering* 3 (1981), Nr. 2, S. 97-104.

[Tho1999]   Thomas, T. R. : *Rough Surfaces*. London: Imperial College Press, 1999.

[Tie1984]   Tien, Nguyen D.: *Untersuchung anodischer elektrischer Entladungs-vorgänge in Elektrolytlösungen an Eisenwerkstoffen*. Universität Chemitz, Fakultät für Maschineningenieurwesen (Sektion Chemie und Werkstofftechnik), Diss., 1984.

[Tsu2008]   Tsujimura, M.: Processing Tools For Manufacturing. In: Li, Yuzhuo (Hrsg.): *Microelectronic Applications of Chemical Mechanical Planarization*. Hoboken (New Jersey): John Wiley & Sons, Inc. , 2008, S. 57-80.

[Ung2009]   Unger, Mandy Mitteilung: Chemische Zusammensetzung des verwendeten Elektrolyten zum Plasmapolieren. 2009.

[Val2004]   Vallance, R. R.; Morgan, C. J.; Shreve, S. M.; Marsh, E. R.: Micro-tool characterization using scanning white light interferometry. In: *Journal of Micromechanics and Microengineering* 14 (2004), Nr. 8, S. 1234-1243.

[Vol2005]   Volk, Raimund: *Rauheitsmessung – Theorie und Praxis*. Berlin: Beuth Verlag GmbH, 2005.

[Wes2005]   West, A. C.; Deligianni, H.; Andricacos, P. C.: Electrochemical planarization of interconnect metallization. In: *IBM Journal of Research and Development* 49 (2005), Nr. 1, S. 37-48.

[Whi1994]   Whitehouse, D. J.: *Handbook of Surface Metrology*. Bristol (UK): Institute of Physics Publishing, 1994.

[Yer1999]   Yerokhin, A. L.; Nie, X.; Leyland, A.; Matthews, A.; Dowey, S. J.: Plasma electrolysis for surface engineering. In: *Surface and Coatings Technology* 122 (1999), Nr. 2-3, S. 73-93.

[Yoo2008]   Yoo, Byung Han; Jeong, Young Hun; Min, Byung-Kwon; Lee, Dang Jo (Hrsg.); Institute of Electrical and Electronics Engineers (Veranst.): *Electric Field Analysis for Micro-EDM Deburring Process* (International Conference on Smart Manufacturing Application 2008), Gyeonggi-do, Korea: Institute of Electrical and Electronics Engineers.

[Zan2004]   Zantye, Parshuram B.; Kumar, Ashok; Sikder, A. K.: Chemical mechanical planarization for microelectronics applications. In: *Materials Science and Engineering: R: Reports* 45 (2004), Nr. 3-6, S. 89-220.

[Zho1993]   Zhong, Q.; Inniss, D.; Kjoller, K.; Elings, V. B.: Fractured polymer/silica fiber surface studied by tapping mode atomic force microscopy. In: *Surface Science Letters* 290 (1993), Nr. 1-2, S. L688-L692.

[Zho2006]   Zhong, Z. W.; Wang, Z. F.; Tan, Y. H.: Chemical mechanical polishing of polymeric materials for MEMS applications. In: *Microelectronics Journal* 37 (2006), Nr. 4, S. 295-301.

[Zwi2008]   Zwicker, Gerfried: Fabrication of Microdevices using CMP. In: Li, Yuzhuo (Hrsg.): *Microelectronic Applications of Chemical Mechanical Planarization*. Hoboken (New Jersey): John Wiley & Sons, Inc., 2008, S. 401-430.

Schriften des Instituts für Mikrostrukturtechnik
am Karlsruher Institut für Technologie
(ISSN 1869-5183)

Herausgeber: Institut für Mikrostrukturtechnik

Die Bände sind unter www.ksp.kit.edu als PDF frei verfügbar oder als Druckausgabe bestellbar.

Band 1   Georg Obermaier
Research-to-Business Beziehungen: Technologietransfer durch Kommunikation von Werten (Barrieren, Erfolgsfaktoren und Strategien). 2009
ISBN 978-3-86644-448-5

Band 2   Thomas Grund
Entwicklung von Kunststoff-Mikroventilen im Batch-Verfahren. 2010
ISBN 978-3-86644-496-6

Band 3   Sven Schüle
Modular adaptive mikrooptische Systeme in Kombination mit Mikroaktoren. 2010
ISBN 978-3-86644-529-1

Band 4   Markus Simon
Röntgenlinsen mit großer Apertur. 2010
ISBN 978-3-86644-530-7

Band 5   K. Phillip Schierjott
Miniaturisierte Kapillarelektrophorese zur kontinuierlichen Überwachung von Kationen und Anionen in Prozessströmen. 2010
ISBN 978-3-86644-523-9

Band 6   Stephanie Kißling
Chemische und elektrochemische Methoden zur Oberflächenbearbeitung von galvanogeformten Nickel-Mikrostrukturen. 2010
ISBN 978-3-86644-548-2